FORSCHUNGSBERICHTE
DES WIRTSCHAFTS- UND VERKEHRSMINISTERIUMS
NORDRHEIN-WESTFALEN

Herausgegeben von Ministerialdirektor Prof. Leo Brandt

Nr. 36

Forschungsinstitut der feuerfesten Industrie, Bonn

Untersuchungen über die Trocknung von Rohton

Untersuchungen über die chemische Reinigung von Silika- und Schamotte-Rohstoffen mit chlorhaltigen Gasen

Als Manuskript gedruckt

WESTDEUTSCHER VERLAG · KÖLN UND OPLADEN

1953

ISBN 978-3-663-03311-0   ISBN 978-3-663-04500-7 (eBook)
DOI 10.1007/978-3-663-04500-7

Forschungsberichte des Wirtschafts- und Verkehrsministeriums Nordrhein-Westfalen

Gliederung

Einleitung	S. 5
Grundlagen der Tontrocknung	S. 5
Technische Trocknungsverfahren	S. 6
Untersuchungen über die Kosten verschiedener Trockungsverfahren	S. 9
Untersuchungen an einer kombinierten Mahl- und Trocknungsanlage	S. 11
Beschreibung der Anlage	S. 11
Untersuchte Tone	S. 14
Leistungsversuche	S. 15
Wärmebilanz	S. 20
Kosten der Schwebetrocknung	S. 22
Technologische Ton - Eigenschaften bei verschiedenen Trocknungsbedingungen	S. 23
Probenahme und Plastizitätsprüfung	S. 23
Plastizitätsuntersuchungen an Mahlton	S. 24
Untersuchungen über das Plastizitätsverhalten von Sichtton	S. 26
Ergänzungsvorschläge	S. 28
Zusammenfassung	S. 30
Literaturübersicht	S. 31

Forschungsberichte des Wirtschafts- und Verkehrsministeriums Nordrhein-Westfalen

Einleitung

Neben den allgemein bekannten Tontrocknungs-Verfahren auf Darren, in Türmen und Drehtrommeln haben in den letzten Jahren Mahltrocknungsverfahren und Methoden der Trocknung des Gutes in der Schwebe Eingang in die Industrie gefunden. Auf Anregung der Technischen Kommission des Fachverbandes Feuerfeste Industrie wurden Untersuchungen bei einem dieser Schwebetrocknungs-Verfahren durchgeführt mit dem Ziel, neben einer Überprüfung des Energieverbrauchs, der Leistung und der Betriebskosten Vergleichswerte zu ermitteln zwischen der Plastizität des Rohtones als Ausgangsmaterial und der des getrockneten Tones.

Grundlagen der Tontrocknung

Die grosse innere Oberfläche eines Haufwerkes von Tonmineralien, die modellmässig mit Aktivkohle zu vergleichen ist, besitzt gewaltige Adsorptionskräfte. Sie wirken sich besonders gegen Wasser aus, das von trockenen Tonen als Anmacheflüssigkeit aufgenommen wird und dabei eine mehr oder weniger grosse Quellung hervorruft. Je nach ihrer Bildsamkeit vermögen die Tone etwa 20-50 % Wasser bis zur handgerechten Konsistenz aufzunehmen. Die Plastizität als charakteristische Eigenschaft des Tones erlaubt, dass das Material zu einem Teig angemacht, geknetet, getrocknet und gebrannt werden kann, ohne seinen Zusammenhalt zu verlieren. Demzufolge wird die Plastizität als diejenige Eigenschaft definiert, die es ermöglicht, ein Material fortlaufend inversibel und ohne Bruch durch eine den Formwiderstand überschreitende Kraft zu verformen[1,2]. Diese Eigenschaft ist für die Verarbeitung in der feuerfesten Industrie von erheblicher Bedeutung und darf daher durch die Vorbehandlung des Trocknens nicht beeinträchtigt werden.

Das für die plastischen Eigenschaften des Tones notwendige Feuchtigkeitswasser ist in verschiedener Weise gebunden:
Zunächst sind die Hohlräume der festen Masse mit __Porenwasser__ ausgefüllt. Daneben findet sich __adsorptiv__ gebundenes Wasser, welches die Oberfläche der Tonteilchen in dünnen Häutchen überzieht, aber auch von den in kolloidaler Grössenordnung auftretenden Tonmineralen aufgesaugt, an der __inneren__ Oberfläche der Schichtminerale

festgehalten wird und so das Quellen der Tonsubstanz verursacht. Schliesslich enthält die den Ton aufbauende Tonsubstanz, z.B. $Al_2O_3 \cdot 2SiO_2 \cdot 2H_2O$ noch 2 Moleküle Wasser als K r i s t a l l w a s s e r, welches zwar nicht direkt mit der Plastizität in Beziehung steht, aber als Kristallbestandteil nicht angegriffen werden darf.

Bei der Trocknung entweichen nacheinander Porenwasser, Adhäsions- und Quellungswasser, wobei etwa die folgenden Temperaturbereiche von Wichtigkeit sind[3,4]:

Bei 80° bis 120°C wird das mechanisch gebundene Wasser abgegeben. Um 250°C tritt das kapillar-kolloidal gebundene Wasser aus, wodurch nach SALMANG das Ende der Plastizität erreicht ist. Um 450°C entweicht das Konstitutionswasser unter Umwandlung des Tonmoleküls.

Da vielfach bei der künstlichen Rohtontrocknung - insbesondere in Schwebetrocknungsanlagen - die Temperaturen der Trockengase bis zu 1000°C betragen, ist es eine Aufgabe der vorliegenden Arbeit im Hinblick auf die Erhaltung der Plastizität die Grenze des Feuchtigkeitsentzuges und der anwendbaren Temperaturen zu ermitteln.

Technische Trocknungsverfahren

Das Trocknen der Rohstoffe ist für jeden Betrieb ein wichtiges Problem und die Ursache vieler Fabrikationsstörungen und teilweise hoher Unkosten. Will man aus Rohton hochwertige Fabrikationserzeugnisse herstellen, so ist in den meisten Fällen eine Mahlung und Trocknung des grubenfeuchten Tones nicht zu umgehen, denn nur durch diese Zerkleinerung ist es möglich, die gewünschte Zusammensetzung der Masse genau einzustellen und homogene Produkte zu erhalten.

Allen Trockenanlagen ist physikalisch gesehen die Tatsache gemeinsam, dass bei der Trocknung gleichzeitig sowohl ein Wärme- als auch ein Stoffaustausch stattfindet. Die Heizgase oder die Luft geben ihre Wärme an den zu trocknenden Stoff und das zu verdampfende Wasser ab, sinken in ihrer Temperatur und nehmen als Abgase das Wasser in Dampfform aus dem zu trocknenden Gut auf.

Die zahlenmässige Erfassung der Wechselwirkung zwischen feuchten Gasen und Trockengut sowie weitgehende grundlegende Berechnungen haben

M. HIRSCH[5], W. FABRIZIUS[6], W. MEHL[7] und E. GLÜCKLICH[8] veröffentlicht.

Allgemein lassen sich die Trocknungsanlagen in zwei grosse Gruppen einteilen:

        1. natürliche Lufttrocknung,
        2. künstliche Trockenverfahren.

Die Lufttrocknung ist unrationell. Sie wird bei den heutigen Arbeitsmethoden meist nicht mehr angewendet, weil sie sehr wenig leistet und ungleichmässig arbeitet, da sie vom Wetter abhängig ist. Bei ungünstigen Witterungsverhältnissen, besonders im Winter, ist sie undurchführbar. Es muss daher so viel Vorrat getrocknet werden, dass vier bis fünf Monate überbrückt werden können. Eine solche Lagerhaltung ist nicht billig, sie bedingt Aufwand an Kapital sowie Zinsverlust und erfordert Platz in Form von Vorratsbehältern, Bunkern, Silos und dergleichen.

Die künstliche Trocknung ist zwar teuer, jedoch sehr viel leistungsfähiger. Sie liefert ein gleichmässigeres Trockengut. Als Beheizungsmedien dienen Feuergase, heisse Luft oder Dampf.

Eine Einteilung der zahlreichen künstlichen Trocknungsverfahren erfolgt häufig nach der Art der Lagerung des Trockengutes sowie seiner Fortbewegung, oder nach der Methode des Trockenvorganges. Bei der Darren- oder Hürdentrocknung[9] lagert das Rohgut unbewegt, die Kanaltrocknung transportiert es auf Wagen und bei der Turm- oder Schachttrocknung[10,11] rutscht es durch sein Eigengewicht den Heizgasen entgegen. In dem Trommeltrocknungsverfahren[12-15] wird das körnige Trockengut in einer Drehtrommel den Trockengasen unter steter Durchmischung ausgesetzt. Die Zerstäubungstrocknung[16,17] - durch Verspritzen aus Düsen - ist nur für schlickerähnliches Trockengut mit erheblichem Flüssigkeitsgehalt anwendbar, wie er z.B. bei der Schlämmaufbereitung von Kaolin auftritt. Die modernen Mahltrocknungs-Methoden[18-22] und Schwebetrocknungs-Verfahren[23-28] bewirken die Trocknung des Gutes im Schwebezustand und erreichen dadurch eine sehr intensive Wirkung. Es werden die mannigfaltigsten Ausführungen angewendet, bei denen der Feuchtigkeitsentzug immer mit dem Zerkleinerungsvorgang gekoppelt ist und der Transport des Tones in verschiedenster Art pneumatisch oder mechanisch erfolgt.

Tabelle 1:
Technische Daten verschiedener Trocknungsverfahren

System	Roh-material	Ausgangs-feuchtigkeit	End-feuchtigkeit	Brenn-stoff-verbrauch	Strom-verbrauch	Lei-stung	Wärmebedarf WE/kg ver-dampftes H_2O	Feinheit des Trockengutes	Schrifttum
Darren-trocknung	Ton-schollen	15-22 %		3,56% Stein-kohle		853 t/Monat = 2,8 t/Tag		Schollen	Rochels-berg[9]
Turmtrocken-ofen 6 m hoch	Ton-brocken	20%	2%	2,0% Koks		13-15 t/Tag	etwa 815	Brocken	N. N.[10,11]
Turmtrocken-ofen 9,4 m hoch	Kaolin	15%	1%	1,25% Koks		20 t/Tag	etwa 650	Brocken	N. N.[10,11]
Trommel-trockner	Kaolin feinstückig	20,4%	0,6%	5% Kohle		4,3 t/h	1790	feinstückig	Cherny-shev[15]
Trommel-trockner	Kaolin feinstückig	19,9%	1,8%	4,4% Kohle		3,6 t/h	1700	feinstückig	Cherny-shev[15]
Mahltrocknung Lösche-Mühle	Ton	8,5%	1,0%	1,58% Kohle		5,48 t/h	814	Mehl 12,6% auf 2000 Maschen-Sieb	Naske[18]
Mahltrocknung Lösche-Mühle m. rotierend.Lösche-Berz-Sichter	Bauxit 50 mm	12,85 %	2,0%	680 m³ Gas/h mit 1300 WE/m³	5,1 kWh/t	15,18 t/h		Mehl 43,5% Rück-stand auf 4900 Maschen-Sieb	Naske[18]
Mahltrocknung Lösche-Mühle	Bauxit	11,0%	1,2%		4,4 kWh/t	27,3 t/h	650	Mehl 62% Rück-stand auf 4900 Maschen-Sieb	Naske[19]
Mahltrocknung Columbus-Mühle	Bauxit bis 15 mm	17%	2,0%		77,52 kg/kWh			Mehl 6,8% Rück-stand auf 4900 Maschen-Sieb	Naske[19]
Mahltrocknung Humboldt-Hammermühle mit Windsichtung	Ton-schollen	16,6%	2,0%		61,2 kg/kWh			Mehl 24% Rück-stand auf 4900 Maschen-Sieb	Naske[19]
Mahltrocknung Soest-Ferrum-Anlage mit Windsichtung	Ton-schollen	12-15 %	2,0%			5 t/h	1000	Mehl 10% Rück-stand auf 4900 Maschen-Sieb	Firmen-angabe
Fontänen-trockner	Ton-schollen	16%	2-3%	3,5% Braunk.-Briketts	4-5 kWh/t	5-6 t/h	1000-1250	0-2 mm	N. N.[26]

In der vorstehenden Tabelle 1 ist aus dem sehr verstreut zu findenden Schrifttum eine Zusammenstellung der technischen Daten verschiedener Trocknungsanlagen erfolgt. Die Angaben sind naturgemäss sehr unterschiedlich und teilweise lückenhaft; sie wurden nach Möglichkeit auf einheitliche Bezugsgrössen umgerechnet.

Aus der Tabelle ist zunächst ersichtlich, dass die Ausgangsfeuchtigkeit normalerweise zwischen 12 % und 20 % liegt und ein Endfeuchtigkeitsgehalt von 1 % bis 2 % erreicht wird. Der Brennstoffverbrauch schwankt je nach dem Anlagentyp. Er ist bei der Darrentrocknung zur Trocknung von Schollen infolge des schlechten Wärmeausnutzungsgrades recht hoch. Bei der Trommeltrocknung ist ebenfalls ein hoher Brennstoffverbrauch festzustellen, welcher im wesentlichen darauf zurückzuführen ist, dass die Wärme nur unvollkommen ausgenutzt wird. Bei diesem Trockner liegt die Abgastemperatur mit 120° bis 130°C weitaus höher als bei anderen Trocknungsanlagen.

Die Leistung der einzelnen Systeme ist ausserordentlich unterschiedlich. Sie ist naturgemäss bei der Darrentrocknung sehr gering und erreicht bei den vollmechanisch arbeitenden Mahltrocknungsanlagen für Ton ein Maximum von 5 bis 6 t/h. Bei der Mahltrocknung von Bauxit sind infolge des anders gearteten Rohstoffes Leistungen von 15 bis 27 t/h möglich. Der Wärmebedarf - ausgedrückt in Wärmeeinheiten pro kg verdampftes Wasser - schwankt zwischen den Werten von 650 bis 1790 WE/kg H_2O ausserordentlich. Der höchste Verbrauch ist bei den ungünstig arbeitenden Trommeltrocknern zu finden. Die übrigen Anlagen weisen einen Verbrauch von 800 bis 1250 kcal auf. Die in der Tabelle angegebenen niedrigeren Werte dürften noch mit Fehlern behaftet sein, welche darauf zurückzuführen sind, dass nicht alle Faktoren (z.B. Heizwerte, Strahlungsverluste) erfasst werden konnten.

Bei der Beurteilung der verschiedenen Verfahren ist zu beachten, dass das Trockengut in sehr verschiedener Form anfällt, von der groben Scholle bei der Darrentrocknung bis zur Mehlfeinheit mit einer Korngrösse von max. 0,1 mm bei der Herstellung von Sichtton in Mahltrocknungsanlagen.

Untersuchungen über die Kosten verschiedener Trocknungsverfahren

Im Jahre 1950 wurden durch die TECHNISCHE KOMMISSION des Fachverbandes Feuerfeste Industrie in einigen Werken Erhebungen über die Kosten der verschiedenen Tontrocknungsverfahren angestellt. Die Ergebnisse dieser Untersuchungen - ergänzt durch Berechnungswerte nach Literatur-Angaben - sind in der nachfolgenden Tabelle 2 aufgeführt.

Die Zusammenstellung vermittelt ein Bild über die sehr unterschiedlichen Betriebskosten der einzelnen Anlagen. Es ist versucht worden, nur die direkt mit dem Arbeitsprozess zusammenhängenden Kosten zu erfassen; Abschreibungen der einzelnen Anlagen sind nicht berücksichtigt. Wenn auch die Einzelergebnisse nicht immer unmittelbar verglichen werden können, weil von den einzelnen Werken die Kostenstellen nicht einheitlich erfasst werden, so ist doch folgendes daraus zu ersehen: Die Mahltrocknung

Tabelle 2:

Kosten verschiedener Trocknungsverfahren (ohne Abschreibungen)

Art der Tontrocknung	Löhne, soz. Aufw., allg. Kosten Repar. usw.	Strom	Brennstoff	Hilfs- und Betriebsstoffe	Gesamtkosten DM/t	Kostenermittlung	Anfallender Trockenton
Trocknen							
Darrentrocknung	1.99	0.01	1.95	0.09	4.04	Betriebsdaten Werk 1	Stückton
Darrentrocknung	1.26	—	2.15	—	3.41	Betriebsdaten Werk 2	Stückton
Darrentrocknung	2.46	0.08	2.19	0.07	4.98	Betriebsdaten Werk 3	Stückton
Auf dem Ofen	3.56	—	—	0.17	3.73	Betriebsdaten Werk 4	Stückton
Schachttrocknen vorwiegend mit Abhitze	0.95	0.06	0.45	0.04	1.50	Betriebsdaten Werk 5	Stückton
Schachttrocknen mit eigener Feuerung	1.30	0.23	2.62	—	4.15	Betriebsdaten Werk 6	Stückton
Kombiniertes Mahlen und Trocknen							
Mahltrocknung mit pneum. Förderung und Windsichtung	1.57	1.32	0.96	0.50	4.35	berechnet nach Lit.-Angaben	Sichtton 0-0,2 mm
Mahltrocknung mit pneum. Förderung und Windsichtung	1.45	1.36	1.05	0.50	4.36	berechnet nach Lit.-Angaben	Sichtton 0-0,2 mm
Fontänentrocknung	1.53	0.50	0.68	0.50	3.21	Betriebsdaten Werk 7	Mahlton 0-2 mm
Fontänentrocknung	1.10	0.80	0.96	0.11	2.97	Betriebsdaten Werk 8	Mahlton 0-2 mm

und die Fontänentrocknung arbeiten kostenmässig günstig, da der Zerkleinerungsvorgang bereits darin eingeschlossen ist. Die eigentlichen Mahlkosten betragen erfahrungsgemäss einschliesslich der direkten Betriebsunkosten, wie Reparatur und soziale Aufwendungen im Durchschnitt etwa 3.50 DM pro Tonne. Wenn man die Kosten der Verfahren, die ausschliesslich trocknen, mit 3.50 bis 5.- DM pro t annimmt, so ergeben sich die Gesamtkosten für das Trocknen und das Mahlen in Höhe von DM 7.- bis 8.50 pro t Ton gegenüber DM 3.- bis 4.50 pro t bei der Aufbereitung nach kombinierten Mahl- und Trocknungsverfahren.

Untersuchung an einer kombinierten Mahl- und Trocknungsanlage

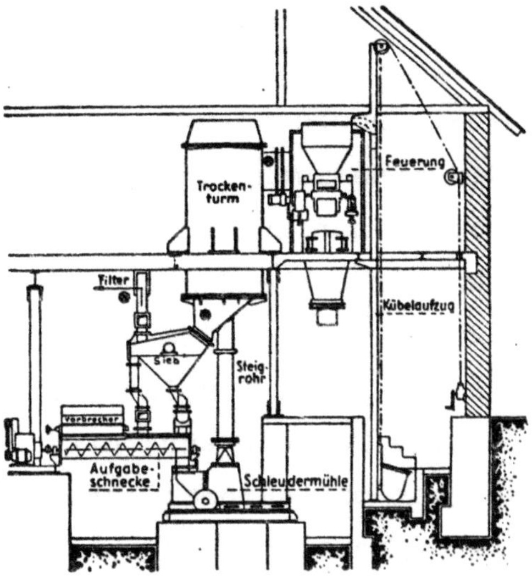

Abb. 1:
Untersuchte Anlage*)
⊕ Temperatur-Meßstellen

Beschreibung der Anlage

Die in dieser Arbeit beschriebenen Versuche wurden in einer Trocknungsanlage durchgeführt, welche nach einem kombinierten Mahl- und Trocknungsverfahren arbeitet. Es handelt sich um eine Schwebetrocknung, bei der der Rohton nach dem Vorbrechen in einer Schleuderprallmühle fein zerkleinert und zugleich senkrecht hochgeschleudert wird. Das zerkleinerte Gut wird während des Wurfvorganges in einem Trockenturm durch nach unten streichende Feuergase getrocknet.

In Abb. 1 ist eine Prinzip-Skizze des Trockners gezeigt. Das Rohgut gelangt über Langkasten-Beschicker, Vorbrecher und Schnitzler auf eine Doppelschnecke und von dort zur Schleuderprallmühle. Auf diesem Wege wird das Material mit Sieb- oder Sichtüberschlägen eingepudert. Die Schleuderprallmühle, die sowohl als Zerkleinerungsvorrichtung dient, als auch den mechanischen Transport des Gutes bewerkstelligt, wirft das Nassgut senkrecht nach oben in einen mit Schamotte ausgekleideten Trockenturm, in den Trockengase spiralförmig im Gegenstrom eingeführt werden. Die Anlage fasst die Aufbereitung des Rohmaterials zusammen und kombiniert mehrere bisher getrennt vorgenommene Arbeitsgänge, wie Aufgabe, Mahlung, Trocknung und Klassierung.

) Abb. nach TIZ 75 (1951) S. 90

Forschungsberichte des Wirtschafts- und Verkehrsministeriums Nordrhein-Westfalen

Beim Einschleudern des zu trocknenden Gutes fliegen die groben Teilchen weit nach oben und gelangen in die Zonen hoher Temperatur von 700° bis 800°C. Die feinen, temperaturempfindlichen Teilchen bleiben in tieferen Zonen, in denen ca. 200°C herrschen. Da die Masse des Feingutes oft zu gering ist, um die kinetische Energie von den Prallflächen der Mühle aufzunehmen und von dieser in den Trockenturm geschleudert werden, sind zu beiden Seiten des Schleuderschachtes je ein Saugrohr angebracht. Durch diese saugt die Mühle, die wie ein Exhaustor wirkt, das feine Material in den unteren Teil des Turmes. Als Heizmittel dienen bei der beschriebenen Anlage feste Brennstoffe in Form von Braunkohlenbriketts in einer Feuerung mit automatischer Wurfvorrichtung. Die Heizgase trocknen das Gut im Gegenstrom, nehmen es dann mit und führen es am unteren Ende des Trockenturmes in den Siebraum. Der Überlauf und ein wesentlicher Teil der Heizgase gelangen über die Aufgabeschnecke kontinuierlich wieder in den Nassgutstrom und damit zur Mühle, in der das grobe Material erneut gemahlen wird und danach nochmals den Trockenweg passiert. Das durchlaufende Material wird von einer Schnecke zum Doppel-Elevator transportiert, der es einer Bunkeranlage zuführt.

Oberhalb des Siebes werden die feinsten Bestandteile (0 bis 0,2 mm) durch eine Saugvorrichtung mit den Heizgasen in eine Entstaubungsanlage mit Schlauchfiltern gesaugt. Diese besteht aus sechs Kammern mit elf Schläuchen zu je 22 m^2. Die Filteranlage besitzt also eine Gesamtfläche von 132/110 m^2, da jeweils eine Kammer geklopft wird. Dabei fällt der Sichtton in eine Filterschnecke und gelangt von dort über den Doppel-Elevator in den Vorratsbunker.

In einer derartigen Schwebe-Trockenanlage können Trockentone verschiedener Endfeuchten und Endkörnungen gewonnen werden, z.B. Sichttone mit wenigen Prozent Rückstand auf einem 0,09-mm-Maschensieb oder aber Mahlton mit Korngrössen von 0 bis 2,5 mm. Die Grösse des Kornes ist von dem jeweils eingebauten Sieb abhängig. Soll nur auf Sichtton gemahlen werden, so kann durch eine entsprechende Klappenstellung der Ton so lange den Mahltrocknungsweg durchlaufen, bis er trocken und fein genug ist, um in die Filterkammer abgesaugt zu werden.

Da das Trockengut nur eine verhältnismässig kurze Zeit den Heizgasen ausgesetzt ist, soll seine Temperatur nicht über 65° bis 75°C steigen und demzufolge seine plastischen Eigenschaften nicht angegriffen werden. Ausserdem wird angenommen, dass Dampfhüllen des entweichenden Wassers die Tonteilchen schützend umgeben, so dass die Heizgase mit ihren hohen Temperaturen nicht unmittelbar mit dem gemahlenen Ton in Berührung kommen und dessen Plastizität mindern können.

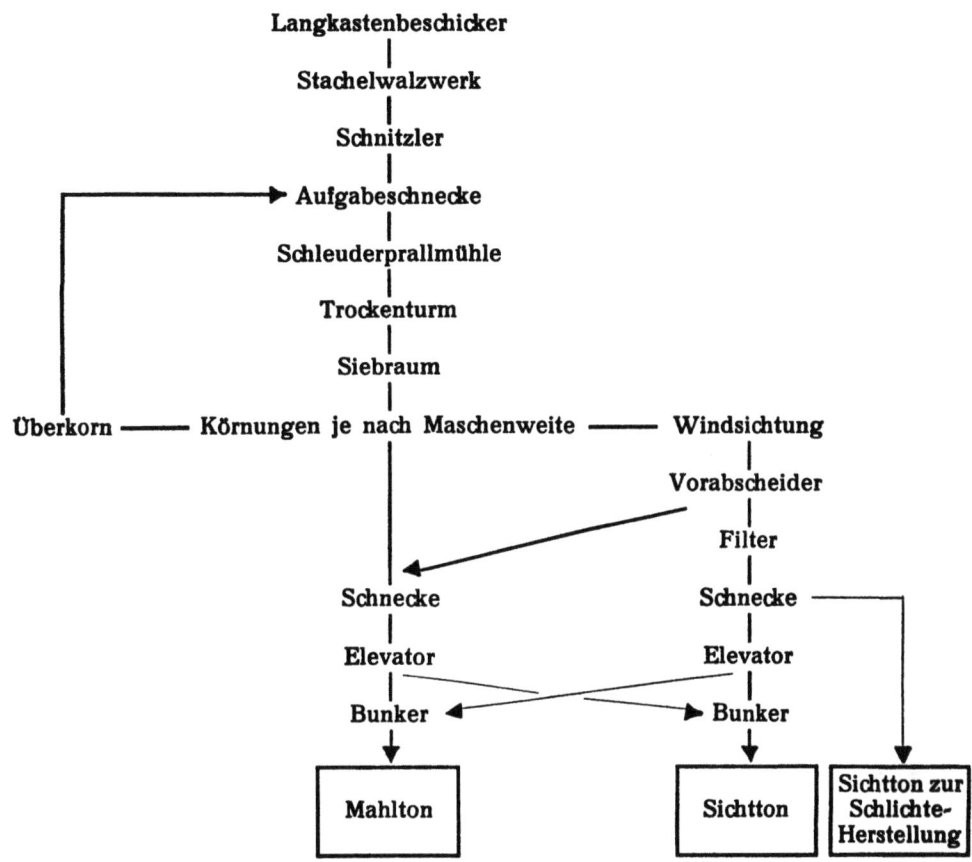

Abb. 2: Arbeitsschema

Ein Arbeitsschema des Trockners (Abb.2) erläutert den Weg des Materials von der Aufgabe bis zu den Vorratsbunkern. Bei der Erzeugung von Mahlton wird das dabei anfallende Sichtgut meist durch ein besonderes Saugsystem abgezogen, um für eine Schlichte-Fabrikation (zum Anstrich von Kokillen in der Metallgiesserei) Verwendung zu finden. Der erzeugte Mahlton weist dadurch oft eine hohe Endfeuchtigkeit und wenig Feinbestandteile auf.

Die Temperaturmessung während der Versuche erfolgte in allen Fällen thermoelektrisch. Sie wurde vorgenommen für die Trockentemperatur in der Feuerbrücke zwischen Feuerraum und Trockenturm; die Siebtemperatur wurde in dem Trichter zwischen Siebraum und Fusspunkt des Turmes gemessen. Die Feststellung der Spülluft-Temperatur erfolgte in dem Saugrohr zwischen Turm und Filteranlage und die Temperaturmessung der Sackfilteranlage unmittelbar im oberen Teil des Filterraumes.

An technischen Angaben der Anlage sind die folgenden Werte wichtig:

Leistung:	5 - 6 t Trockenton pro Stunde
Brennstoffverbrauch:	3,5 % Braunkohlen-Briketts pro t Trockenton
Stromverbrauch:	4 - 5 kWh/t Trockenton
Ausgangsfeuchtigkeit des Tones:	15 - 20 %
Endfeuchte:	beliebig bis zu 1 %
Feinheit des Trockengutes:	0 - 2,5 mm
Ventilatorzug:	240 - 260 mm W.S.
Vorabscheider:	30 - 40 mm W.S.
Turmtemperatur:	200° - 600°C je nach Arbeitsweise
Siebtemperatur:	70° - 100°C
Spüllufttemperatur:	20° - 25°C
Filtertemperatur:	65° - 80°C

Untersuchte Tone

Bei den untersuchten Tonen handelt es sich um die Vorkommen von Hettenleidelheim. Mit ihrer Entstehung und ihrem geologischen Werdegang befasst sich L. SPUHLER[29]. Über ihre Eigenschaften, Zusammensetzung und Verwendung berichtet W. HÜPPE[30]. Er unterteilt die Tone 1. nach ihrer Ablagerung in verschiedene Schichten, 2. nach ihrer analytischen Zusammensetzung und 3. nach Eigenschaftswerten, wie Segerkegel, Brennfarbe, Siebrückstand und Eignung für verschiedene Verwendungsgebiete. Auch in anderen Arbeiten sind die Tone von Hettenleidelheim mehrfach erwähnt[31 - 34]. Zusammengefasst wird der Pfälzer Ton folgendermassen beurteilt: Der Ton von Hettenleidelheim besitzt einen hohen Gehalt an Flussmitteln, von denen besonders das CaO hervortritt. Auch die Alkali- und Eisenoxydgehalte sind bemerkenswert. Naturgemäss schwindet dieser Ton sehr stark beim Brennen, zeigt aber danach eine gute mechanische Festigkeit. Die Eigenart des Pfälzer Tones macht sich schon im Verglühbrand auf Segerkegel 09a bemerkbar. Die gebrannten Körper zeigen mit 230 kg/cm^2 eine Biegezugfestigkeit, die das zwei- bis dreifache von anderen Tonen beträgt. Nach den Angaben der Verfasser ist anzunehmen, dass der relativ hohe Gehalt an CaO und MgO zur Steigerung dieser Festigkeit beiträgt, was aber noch experimentell zu klären ist.

Die eigenen Untersuchungen der Toneigenschaften erbrachten Schmelzpunkte, die in allen Fällen in der Nähe des Segerkegels 33 lagen. Analysen der untersuchten Tone ergaben folgende Mittelwerte:

Chemische Analysen (geglüht):				Rationelle Analyse:	
Glühverlust %	10,20	11,50	9,85	Tonsubstanz	75,10
SiO_2	55,60	55,80	56,00	Quarz	5,40
Al_2O_3 (+TiO_2)	38,20	37,70	37,20	Feldspat	19,50
Fe_2O_3	1,55	1,89	2,19		
CaO	0,58	0,60	0,72		
MgO	0,46	0,47	0,50		
Na_2O	0,29	0,42	0,30		
K_2O	3,36	3,19	3,22		

Sie zeigten gute Übereinstimmung mit den in der Literatur angegebenen Werten.

Leistungsversuche

Zur Feststellung des Wärme- und Kraftbedarfs in Abhängigkeit vom Materialdurchsatz der Anlage wurden eine Reihe von Leistungsversuchen unter Beobachtung aller Einflussgrössen durchgeführt[1]. In der Tabelle 3 sind die Versuche 1 bis 6 zusammengestellt.

---

[1] Alle in dieser Arbeit erwähnten Prozentgehalte der Feuchtigkeit sind entsprechend den wissenschaftlichen Gepflogenheiten auf die trockene Substanz mit dem Feuchtigkeitsgehalt Null bezogen. Eine derartige Berechnungsweise ist mit Rücksicht auf die Ermittlung der verdampften Wassermengen und der Wärmebilanzen sowie der Plastizitätsbestimmungen gegeben (Vergl. auch F. LIPINSKI: Das keramische Laboratorium. 1949 Verlag W. Knapp, Halle, Seiten 34 und 48).

Tabelle 3: Leistungsversuche

Versuch Nr.		1	2	3	4	5	6
Mittl. Turmtemperatur	°C	250	300	450	500	550	325
Aufgabegut							
Feuchtigkeit	%	20,5	20,5	15,6	14,3	17,7	15,6
Menge	t/h	4,6	4,7	5,4	5,8	5,5	2,1
Fertiggut	mm	Mahlton 0-2,5	Mahlton 0-2,5	Mahlton 0-2,5	Mahlton 0-2,5	Mahlton 0-2,5	Sichtton 0-0,2
Feuchtigkeit	%	11,1	9,9	8,7	2,6	2,6	1,0
Leistung	t/h	4,3	4,3	5,1	5,2	4,8	1,8
Verdampftes Wasser	kg/h	350	420	330	600	700	265
	kg/t	81	98	65	115	146	147
Brikettverbrauch pro t Ton	kg/t	19,0	26,0	24,5	51,0	57,1	46,3
Wärmeaufwand pro kg Wasser	WE/kg	1100	1265	1760	2120	1880	1540
Stromverbrauch pro t Ton	kWh/t	5,13	4,68	4,94	5,39	5,71	13,6

Die Ergebnisse vermitteln einen Überblick über die Leistung der Anlage, ihren Energiebedarf und die Ausnutzung derselben. Aus der Zusammenstellung der Versuche 1 bis 5 (Erzeugung von Mahlton) kann man ersehen, dass mit steigender Trockentemparatur eine Zunahme der Wasserverdunstung und damit verbunden eine geringer werdende Endfeuchtigkeit auftritt. Gleichzeitig zeichnet sich jedoch auch ein höherer Brikettverbrauch (H_u = 4800 WE/kg) und eine ungünstige Ausnutzung der aufgewendeten Wärmemenge ab. Nur der Versuch 1 liegt mit 1100 WE je Kilogramm verdampftes Wasser günstig. Diese unterschiedliche Ausnutzung ist neben kleinen Betriebsstörungen wohl darauf zurückzuführen, dass bei grobem Korn teilweise von einer verhältnismässig hohen Ausgangsfeuchtigkeit auf geringe Endfeuchte herabgetrocknet wurde. Meist ist es jedoch nicht notwendig, das Trockengut weiter als bis zu einer Endfeuchtigkeit von 5 % bis 6 % herunterzutrocknen, so dass dann der Wärmeaufwand sinkt. Ausserdem ist zu beachten, dass ein grobes Korn stets nur unter grossem Wärmeverbrauch zu trocknen ist, da hohe Turmtemperaturen mit ihren hohen Strahlungsverlusten angewendet werden müssen. Sicherlich ist eine Trocknung bei höheren Temperaturen vorteilhaft, jedoch setzt das eine ausgezeichnete Wärme-Isolierung des Siebraumes und eine besonders gute Abschirmung des Turmes voraus.

Bei der Forderung einer niedrigen Endfeuchtigkeit ist ein günstiger Trocknungsgrad nur mit einer feineren Mahlung (z.B. 0 bis 1 mm) zu erreichen. Jedoch sinkt in diesem Falle die Durchsatzmenge. Bei der Sichttonherstellung leistet die Anlage noch 1,5 bis 1,8 t/h. Der Stromverbrauch ist hierbei mit 13,6 kWh/t als niedrig gegenüber anderen Mahltrocknungsanlagen anzusehen. Es ist aber zu berücksichtigen, dass dann die Leistung nur ein Drittel der Durchsatzmenge jener Trockner beträgt. Der Wärmeaufwand pro kg verdampftes H_2O liegt mit 1540 kcal hoch. Als Grund kann die zu hohe Turmtemperatur angeführt werden. Wie die weiteren Versuche erkennen lassen, ist der gleiche Wasserentzug auch mit einer Temperatur von 250°C möglich.

Zur weiteren Klärung der hierbei gewonnenen Erkenntnisse und zur Schaffung geeigneter Unterlagen für eine Kostenermittlung wurden weitere Versuche auf Mahlton 0 bis 2 mm, auf Mahlton 0 bis 1 mm und auf Sichtton 0 bis 0,2 mm durchgeführt. Jeder Versuch wurde 8 Stunden ohne Unterbrechung gefahren. Der untere Heizwert der für diese Versuche verwendeten Braunkohlenbriketts wurde mit 4700 kcal/kg ermittelt. In nachstehender Tabelle 4 sind die Ergebnisse festgehalten.

Zu den Zahlen der Tabelle ist zu bemerken, dass die mittlere Turmtemperatur nicht das arithmetische Mittel aus den Extremwerten der Spitzentemperaturen ist, sondern den Mittelwert der während der gesamten Versuchszeit herrschenden Trockentemperaturen dargestellt. (Vergl. auch die Kurven der Abb.3 Seite 15: Aufgabefeuchtigkeit, Turmtemperatur, Endfeuchtigkeit).

In den Versuchen 8 und 9 wird die Herstellung von Mahlton 0 bis 1 mm unter ungünstigen und unter günstigen Bedingungen verdeutlicht. In beiden Fällen beträgt die Ausgangsfeuchtigkeit etwa 17,6 %. Im Versuch 8 wird mit starker Schwankung der Trockentemperatur zwar auf 2,66 % Endfeuchtigkeit getrocknet, jedoch tritt dabei ein derartig hoher Brikettverbrauch ein, dass dieser Versuch wärmetechnisch viel ungünstiger liegt als Versuch 9. Bei dem Versuch 10 (Herstellung von Sichtton) herrschen ähnliche Bedingungen wie bei dem Versuch 6 (Tabelle 3). Es sind hierbei aber unter Verwendung inzwischen gewonnener Erkenntnisse Fehler vermieden worden, so dass sein Ergebnis günstiger ist. Bei niederer Turmtemperatur (Mittelwert) wird mit derselben Brikettmenge mehr Wasser entzogen, so dass die Gegenüberstellung der Wärmemengen 1190 kcal zu

1540 kcal pro kg verdampftes Wasser ergibt.

Tabelle 4:
Wärme- und Kraftbedarf bei verschiedenen Körnungen

Versuch Nr.		7	8	9	10
Trockengut		Mahlton	Mahlton	Mahlton	Sichtton
Körnung	mm	0-2	0-1	0-1	0-0,2
Mittlere Turmtemperatur	°C	410	417	290	210
Temperaturspitzen	°C	300-480	260-590	250-320	190-310
Aufgabefeuchtigkeit	%	18,21	17,60	17,65	18,76
Endfeuchtigkeit	%	9,12	2,66	4,28	0,32
Leistung getrockneter Ton	t/h	4,09	2,39	2,42	1,50
Verdampftes Wasser	kg/h	338	345	307	275
	kg/t	83	145	127	184
Brikettverbrauch pro t Trockengut	kg/t	17,5	44,0	29,9	46,8
Wärmeaufwand pro kg Wasser	WE/kg	990	1430	1100	1190
Stromverbrauch pro t Ton	kWh/t	5,48	8,54	8.50	14,2

Im nachfolgenden Schaubild (Abb.3) sind die Werte für Wassergehalt im Trockenmaterial, Aufgabefeuchtigkeit und Turmtemperatur zusammengestellt. Man erkennt einen gleichmässig gefahrenen Versuch, der trotz unvermeidlicher Schwankungen in der Aufgabefeuchtigkeit eine konstante Trockentemperatur aufweist und ein Trockengut gleichmässiger Endfeuchtigkeit ergibt.

Trocknet man mit stark schwankender Turmtemperatur, so erhält man eine sehr unregelmässige Kurve (gestrichelt gezeichnet), wodurch naturgemäss auch in der Endfeuchtigkeit starke Schwankungen auftreten. Ein hoher Verbrauch an Braunkohlenbriketts, eine schlechte Ausnutzung der Wärmemengen und schliesslich eine unregelmässige Endfeuchtigkeit sind dabei unvermeidlich.

Hinsichtlich der Leistung des Trockners bestätigen die Versuche 7 bis 10 die in der ersten Versuchsreihe gezogenen Schlussfolgerungen. Der Trockner leistet an <u>M a h l t o n   d e r   K o r n g r ö s s e</u> 0 bis 2 mm 4 - 5 t pro Stunde. Je nach der gewünschten Endfeuchtigkeit und

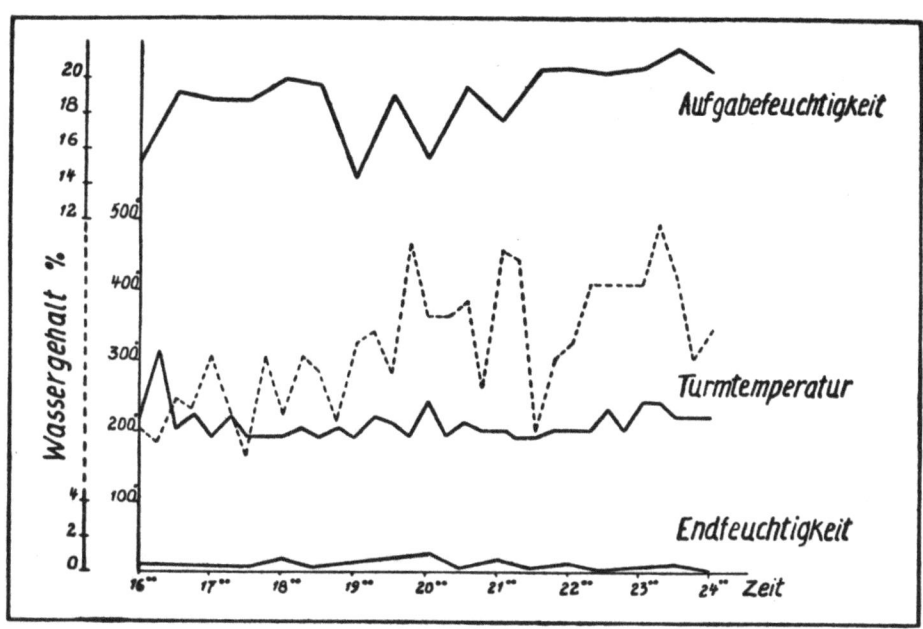

Abb. 3:
Feuchtigkeitsgehalte und Turmtemperatur

nach der anfallenden Ausgangsfeuchtigkeit trocknet man mit 300° bis 500°C. Bei einer Endfeuchte von 6 - 9 % benötigt man pro kg verdampfendes Wasser etwa 1000 bis 1100 kcal. Will man aber auf eine niedrigere Endfeuchtigkeit trocknen, müssen höhere Turmtemperaturen angewendet werden. Die Ausnutzung der eingebrachten Wärmemenge wird schlechter und macht sich durch einen höheren Heizmaterial-Verbrauch bemerkbar. Die Apparatur arbeitet dann wärmetechnisch ungünstiger.

Bei der Verarbeitung des Rohtons auf M a h l t o n d e r K o r n -
g r ö s s e 0 b i s 1 mm leistet der Trockner 2,4 t pro Stunde. Bei einer Endfeuchtigkeit von etwa 4 % ist es möglich, mit 1000 bis 1100 kcal dem Ton in dem Trockner 1 kg Wasser zu entziehen. Günstige Turmtemperaturen liegen für diese Mahlfeinheit zwischen 200° und 300°C.

An S i c h t t o n leistet der Trockner 1,5 bis 1,8 t/h. In der Feuchtigkeit ungleichmässig anfallende Rohmaterialien werden bei 200° bis 300°C auf eine gleichmässige Endfeuchtigkeit um 0,5 % und darunter getrocknet. Wäre es möglich, den brikettbeheizten Trockner kontinuierlich zwischen 100° und 150°C zu betreiben, wären diese Temperaturen für den feinen Sichtton am günstigsten. Aus feuerungstechnischen Gründen mussten aber die Turmtemperaturen etwas höher gehalten werden. Der

Trockner arbeitet jedoch auch bei der Erzeugung von Sichtton mit 200° bis 250°C noch wärmetechnisch vorteilhaft.

Wärmebilanz

Die Aufstellung einer Wärmebilanz lässt die Anteile der verschiedenen wärmeverbrauchenden Arbeitsgänge einer solchen Anlage erkennen. Es wurde in der folgenden Zusammenstellung versucht, einen Überblick über die einzelnen Vorgänge zu gewinnen. Die Errechnung einer vollständigen Wärmebilanz ist zwar eine grosse Anzahl von Komponenten notwendig, während in der vorliegenden Untersuchung noch eine Reihe von Werten insbesondere über durchgesetzte Gasmengen fehlen. Die in den Versuchen ermittelten Zahlen reichen jedoch aus, eine überschlägliche Wärmebilanz aufzustellen, welche einen Einblick in das Trockenverfahren erlaubt.

Bei den Berechnungen wurde die spezifische Wärme des trockenen Tones mit 0,19 kcal/kg°C für den Temperaturbereich von 20° bis 100°C nach den Angaben von COHN[35] und SCHWIETE[36] angenommen. Da die spezifische Wärme sehr stark vom Wassergehalt abhängig ist, wurden die einzelnen Wärmemengen für den trockenen Ton und das enthaltene Wasser jeweils getrennt in die Bilanz eingesetzt.

Wärmebilanz des Versuches Nr. 7:

Temperatur des Rohtones	20°	C
Aufgegebene Rohtonmenge	35 400	kg
Aufgabefeuchtigkeit (bezogen auf Trockensubstanz)	18,21	%
Menge des gemahlenen und getrockneten Gutes	32 700	kg
Endfeuchte (bezogen auf Trockensubstanz)	9,12	%
Brennstoff-Verbrauch (Braunkohlenbriketts)	570	kg
Heizwert des Brennstoffes H_u	4 700	kcal/kg
mittlere Erhitzungstemperatur der Tonteilchen	75°	C
Austragstemperatur des Mahltones	65°	C
mittlere Turmtemperatur	420°	C
Siebtemperatur	85°	C
Spüllufttemperatur	25°	C
Temperatur der Filterkammer	67°	C
Verdampfungswärme für 1 kg H_2O	539	kcal
mittlere spez. Wärme von Trockenton bei 20°-100°	0,19	kcal/kg°C

35 400 kg Ton mit einem Feuchtigkeitsgehalt von 18,21 % (bezogen auf Trockensubstanz) wurden mit 570 kg Braunkohlenbriketts auf eine Endfeuchte von 9,12 % getrocknet. Diese 35 400 kg Rohton enthielten an Trockensubstanz

30 000 kg. Bei der Trocknung waren im Ton noch 2 700 kg Wasser verblieben, während gleichfalls 2 700 kg H_2O verdampft wurden.

A. **Eingebrachte Wärmemengen:**

570 kg Braunkohlenbriketts mit 4 700 kcal/kg = 2 680 000 kcal

B. **Wärmeaufwand:**

1) Vorwärmung des Tones (bezogen auf die Trockensubstanz) von 20°C auf eine Mitteltemperatur von 75°C: (75-20).30000.0,19 = 313 000 kcal = 11,6 %

2) Erhitzung des im Ton verbleibenden Restwassers (9,12 % auf 75°C): (75-20).2700.1,0 = 149 000 kcal = 5,5 %

3) Für die Verdampfung aufzuwendende Wärmemenge: 2 700 .(539 + 80) = 1670 000 kcal = 62,3 %

4) Verlust als fühlbare Wärme des getrockneten Tones: (65-20).30000.0,19+(65-20).2700 = 379 000 kcal = 14,3 %

5) Verluste durch Abstrahlung, Konvektion und Abgasverluste (Rest) = 169 000 kcal = 6,3 %

Gesamt-Wärmeaufwand 2680 000 kcal =100,0 %

Aus der vorstehenden Wärmebilanz des Versuches Nr. 7 ist ersichtlich, dass von der eingebrachten Wärmemenge 62,3 % für die vorgesehene Arbeit der Wasserentfernung durch Verdampfen verbraucht worden ist. Bei diesem Versuch ist die Anlage richtig bedient und mit nur geringen Wärmeverlusten betrieben worden.

Bei einer mit den entsprechenden Zahlen in der gleichen Weise vorgenommenen Auswertung des Versuches Nr. 8 mit hohem Brennstoffverbrauch (840 kg) und starken Schwankungen der Turmtemperatur ergibt sich ein sehr viel ungünstigeres Bild des Wärmeaufwandes:

Vorwärmung des Tones (18 600 kg, 65°C)	230 000 kcal =	5,8 %
Erhitzung des Restwassers (490 kg, 65°C)	32 000 kcal =	0,8 %
Verdampfungswärme (2760 kg H_2O)	1 720 000 kcal =	43,5 %
Fühlbare Wärme des Trockengutes (18 600 + 490 kg, 55°C)	221 000 kcal =	5,6 %
Abstrahlungs- und Abgasverluste (Rest)	1 747 000 kcal =	44,3 %
Gesamt-Wärmeaufwand	3 950 000 kcal =	100,0 %

Auffallend ist hier neben der geringeren Wärmeausnutzung von nur 43,5 % der hohe Verlust durch Abstrahlung und Abgase von nicht weniger als 44,3 %. Dieser übermässig schlechte Wirkungsgrad setzt nicht nur die Wärmeausbeute herab, sondern verfälscht durch die Differenzrechnung der Abstrahlungsversuche als Rest auch alle anderen Werte des Wärmeaufwandes. Es lässt sich jedoch auch aus diesen Zahlen die schon betonte Tatsache ersehen, dass eine fehlerhafte Bedienung der Trockenanlage infolge der hohen Wärmeverluste sehr teuer ist.

Tabelle 5:
Fertigungskosten pro t Ton (ohne allgemeine Unkosten, Reparaturen und Amortisation)

Versuch Nr.		7	8	9	10
Strom (0,08 DM/kWh)	DM	0,44	0,68	0,68	1,14
Br.-Brikett (42,— DM/t)	DM	0,74	1,85	1,25	1,97
Lohnkosten für 1 1/2 Mann (1,50 DM/h)	DM	0,55	0,94	0,93	1,50
Gesamte Fertigungskosten	DM	1,74	3,47	2,86	4,61

Kosten der Schwebetrocknung

Die Versuche 7 bis 10 der Tabelle 4 wurden als Grundlage einer Kostenermittlung für die verschiedenen Mahltonarten gewählt (Tab. 5).

Aus der Gegenüberstellung der Versuche 8 und 9 ersieht man, wie durch unzureichende Bedienung des Trockners die Kosten für das Heizmaterial stark steigen und wie die Tonne Ton um DM 0,60 verteuert wird. Andererseits steigen die Kosten mit feiner werdendem Mahlgut stark an. Zu den Fertigungskosten ist erfahrungsgemäss für soziale Aufwendungen, allgemeine Unkosten, Hilfs- und Betriebsstoffe und Reparaturen ein Gesamtbetrag von DM 1,50 zuzurechnen. Es ergeben sich somit ohne Berücksichtigung der Abschreibungen der Anlage:

```
Mahlton  0 bis 2    mm Korngrösse ...... 3,24 DM pro t
Mahlton  0 bis 1    mm Korngrösse ...... 4,36 DM pro t
Sichtton 0 bis 0,2  mm Korngrösse ...... 6,11 DM pro t
```

Die in der vorbeschriebenen Anlage ermittelten Mahl- und Trockenkosten in Höhe von 3,24 DM/t für den normalen Mahlton 0 bis 2 mm decken sich genau mit den an anderer Stelle dieses Berichtes erwähnten Untersuchungsergebnissen (vgl. Tabelle 2, Seite 10, Betriebsdaten der Werke 7 und 8).

Forschungsberichte des Wirtschafts- und Verkehrsministeriums Nordrhein-Westfalen

Der Mahlton 0 bis 1 mm kostet mit 4,36 DM pro t etwa die gleiche Summe wie der Sichtton, welcher in Mahltrocknungsanlagen mit pneumatischer Förderung und Windsichtung hergestellt wird (siehe Tabelle 2, Seite 10).

Technologische Ton-Eigenschaften bei verschiedenen Trocknungs-Bedingungen

Immer wieder wird behauptet, dass die Plastizität des Tones bei einer Schwebetrocknung leidet, weil der gemahlene Ton in Temperaturbereiche geschleudert wird, bei denen er bereits sein Konstitutionswasser abgibt und Veränderungen der Oberflächen eintreten können. Es war eine Aufgabe der vorliegenden Arbeit, eine eindeutige Klärung dieser Frage herbeizuführen und durch eine Gegenüberstellung die Plastizitäten des Ausgangsmaterials und des getrockneten Tones zu vergleichen.

Probenahme und Plastizitätsprüfung

Bei allen Probenahmen, die jeweils bei verschiedenen Trockentemperaturen erfolgten, wurde der Trockner mindestens eine halbe Stunde, manchmal bis zu zwei Stunden (besonders bei hohen Temperaturen) auf möglichst gleichmässigen Trockenbedingungen gehalten, um zu gewährleisten, dass die Trocknung und das Ziehen der Probe auch bei einheitlicher Temperatur erfolgte. Gleichzeitig wurde eine Rohtonprobe entnommen und der Wassergehalt ermittelt. Von dem Trockenton wurde eine Siebanalyse angefertigt. Der Rohton wurde zur Herstellung der Prüfstücke einer Handzerkleinerung in einem Mörser unterworfen und anschliessend auf einem 2-mm-Sieb abgesiebt.

Um Plastizitätswerte vom Roh- und Trockengut zu erhalten, wurde zunächst die Bestimmung der Bildsamkeit nach PFEFFERKORN[37] mit der graphischen Auswertung nach BOWMAKER[38] durchgeführt. Hierbei werden zylindrische Probekörper gleicher Ausgangshöhe mit verschiedenem Wassergehalt der Reihe nach durch eine aus gleicher Höhe fallende Scheibe gestaucht. Trägt man die Stauchhöhe gegen den Wassergehalt pro 100 g Ton auf, so erhält man für jeden Ton eine Gerade mit unterschiedlicher Neigung. Je stärker nun diese "Kennlinie" geneigt ist, um so plastischer ist das Material. Aus den Abschnitten auf der Abszisse (R) und auf der Stauchhöhe Null (r) errechnet BOWMAKER die Plastizität nach der Formel $P = R(R-r)$.

Zum Vergleich mit der vorher beschriebenen Methode wurde die Bildsamkeit des Roh- und Trockenmaterials nach RIEKE[39,40] bestimmt. Dabei wird der Wassergehalt der Ausroll- und der Klebegrenze dreimal festgestellt und der Mittelwert angegeben. (Unter Ausrollgrenze ist derjenige Wassergehalt zu verstehen, bei dem der Ton zu etwa 3 mm dünnen Stäben ausgerollt zu zerbröckeln beginnt. Der Wassergehalt der Anmache- oder Klebegrenze lässt den Ton in der Hand kleben.) Die Differenz beider Grenzwerte ergibt die Plastizitätszahl nach RIEKE. Bei den Tonen von Hettenleidelheim konnte ein gewisser Zusammenhang zwischen der Bildsamkeit nach PFEFFERKORN und der nach RIEKE aufgezeigt werden.

Schliesslich wurde ergänzend die Biegefestigkeit des Roh- und Trockengutes ermittelt. Trapezförmige Prüfstäbe, die mit Hilfe einer Gipsform hergestellt werden, trocknet man zunächst an Luft, dann in einem Trockenschrank und prüft sie in der Apparatur nach KOHL[41-43]. Die spezifische Trockenfestigkeit errechnet sich aus der Bruchlast P, der Auflagelänge l und aus dem Bruch-Querschnitt (b=Breite, h=Höhe) nach der Formel

$$B = \frac{3 \cdot l \cdot P}{2 \cdot b \cdot h^2} \quad (kg/cm^2).$$

Die Biegefestigkeit und die beiden erwähnten Plastizitätsbestimmungen stehen in keiner Beziehung zueinander. Dies ist auch erklärlich, weil die Prüfungen einmal an plastischem Material und zum anderen an getrockneten, also von ihrem Anmachewasser befreiten Prüflingen durchgeführt werden. Trotzdem ist auch aus dem Ergebnis der Trockenbiegefestigkeitsprüfung ein Rückschluss auf die Bindefähigkeit und die Plastizität der rohen bzw. getrockneten Tone möglich.

Plastizitätsuntersuchungen an Mahlton

In der Tabelle 6 ist das Ergebnis von Untersuchungen über die Plastizität von Mahlton im Vergleich zu Rohton zusammengestellt. Aus den Versuchen 11 bis 19 ersieht man, dass die Trocknungsbedingungen und die Feinmahlung die Endfeuchtigkeit bestimmen. Bei einer entsprechenden Korngrössenverschiebung im Trockengut, d.h., wenn fein genug gemahlen wird, ist es möglich, selbst von einem hohen Ausgangs-Feuchtigkeitsgehalt mit niedriger Turmtemperatur eine geringe Endfeuchtigkeit zu erzielen. Wird hingegen mit hoher Turmtemperatur getrocknet und dabei nur grob gemahlen, so bleibt die Endfeuchtigkeit oft höher als bei einer Trocknung

Tabelle 6:
Plastizitätsuntersuchungen bei Mahlton

Versuch Nr.		11	12	13	14	15	16	17	18	19
Mahlfeinheit	mm	0-1	0-2	0-2	0-2	0-2	0-2	0-2	0-2	0-2
Turmtemperatur	°C	300	300	390	480	520	620	620	760	790
Feuchtigkeit										
Rohton	%	16,4	18,0	19,9	18,6	18,2	18,9	17,7	19,6	17,8
Mahlton	%	4,3	10,8	10,4	9,8	8,7	7,3	7,0	3,7	6,5
Siebanalyse Mahlton*)										
Korngröße 2,0 -1,5 mm	%	—	24,2	25,4	24,1	27,5	26,6	18,3	19,1	25,4
1,5 -1,0 mm	%	2,8	25,9	23,5	25,2	24,0	17,4	21,8	17,5	18,2
1,0 -0,5 mm	%	31,3	24,1	21,1	26,1	24,1	20,5	26,9	19,8	22,2
0,5 -0,25 mm	%	29,2	15,1	9,3	13,1	12,6	11,2	15,5	12,1	13,2
0,25-0,15 mm	%	16,3	6,5	5,4	5,8	5,4	6,4	7,1	8,1	8,8
0,15-0,10 mm	%	11,3	2,7	3,5	3,4	3,2	5,9	4,7	8,1	6,8
0,10-0,09 mm	%	2,4	0,3	0,5	0,8	0,5	3,5	1,1	4,8	2,3
0,09-0,06 mm	%	3,2	1,1	1,7	1,2	0,9	4,2	3,0	5,3	1,8
unter 0,06 mm	%	3,5	0,1	9,6	0,3	1,8	4,3	1,6	5,2	1,3
Plastizität nach Pfefferkorn-Bowmaker										
Rohton		1590	1490	1185	1485	1565	1700	1190	1495	1510
Mahlton		1590	1490	1185	1485	1590	1750	1200	1495	1520
Plastizität nach Rieke										
Rohton		7,9	7,3	6,4	7,4	7,7	8,3	6,5	7,4	7,5
Mahlton		8,0	7,5	6,4	7,4	7,9	8,4	6,6	7,6	7,6
Biegefestigkeit nach Kohl										
Rohton	kg/cm²	27,1	25,9	24,4	25,7	34,6	24,2	27,6	35,6	24,2
Mahlton	kg/cm²	29,6	26,4	28,7	26,1	38,2	25,7	28,5	35,8	25,7

*) Der Rohton ergab nach der Handzerkleinerung im Mörser folgende Siebanalyse:
  Korngröße: 2,0 — 1,5 mm 14,8%
          1,5 — 1,0 mm 24,3%
          1,0 — 0,5 mm 35,1%
          0,5 — 0,25 mm 19,7%
          0,25 — 0,15 mm 4,6%
          unter 0,15 mm 1,5%

mit niedriger Temperatur und entsprechend feiner Mahlung, wie aus einem Vergleich des Versuches 11 mit den Versuchen 12 bis 19 hervorgeht. Ein typisches Beispiel hierfür ist die Sichtton-Herstellung, bei der allerdings die Leistung der Anlage infolge der Feinmahlung stark absinkt.

Es konnte in keinem Falle nachgewiesen werden, dass eine Minderung der Plastizität eintritt. Selbst bei der Trocknung mit den höchsten in der Anlage erreichbaren Temperaturen von 800°C blieb die Ausgangsplastizität, sowohl bei den Bestimmungen nach PFEFFERKORN-BOWMAKER, als auch nach RIEKE voll erhalten. Auch ist in keinem Falle ein Nachlassen der Trockenbiegefestigkeit eingetreten. Eine geringe Tendenz der Zunahme der

Plastizität beim Mahlton gegenüber dem Ausgangsmaterial scheint sich abzuzeichnen und ist wahrscheinlich auf eine Kornverfeinerung zurückzuführen. Die Werte der Biegefestigkeit selbst streuen, wie es für dieser Bestimmung typisch ist und stehen, wie bereits dargelegt, in keinem unmittelbaren Zusammenhang mit den Ergebnissen der ausgeführten Plastizitätsbestimmungen.

Insgesamt ist festzustellen, dass die Plastizität des untersuchten Tones bei Trockentemperaturen zwischen 300° und 800°C und einer Feuchtigkeitsverminderung auf 10 % bis 4 % sich nicht verändert hat. Diese Tatsache ist von grundsätzlicher Bedeutung.

Untersuchungen über das Plastizitätsverhalten von Sichtton

In gleicher Weise wie beim Mahlton wurde der Sichtton einem Vergleich seines Plastizitätsverhaltens gegenüber dem Rohton unterzogen. Die entsprechenden Versuchsreihen sind in der nachstehenden Tabelle 7 zusammengefasst.

Reiner Sichtton wurde in Temperaturbereichen von 40° bis zu 400°C getrocknet. Höhere Temperaturen konnten nicht erreicht werden. Um einen Sichtton unter schärferen Trockenbedingungen zu erhalten, wurde während des Versuches 16 (mit Mahlton bei 620°C) eine Sichtton-Probe aus dem Vorabscheider entnommen. Ausser den Versuchen 16 und 29 wurden die Versuche 13 und 26 gleichzeitig durchgeführt. Die Plastizitätszahlen von diesen Roh-, Mahl- und Sichttonen werden in Abbildung 3 gezeigt.

Bei den Versuchen 20, 21 und 22 wurde eine möglichst hohe Endfeuchtigkeit des Trockenmaterials angestrebt. Da es nicht erreichbar ist, den Trockner kontinuierlich mit den niedrigen Temperaturen von 40°bis 100°C arbeiten zu lassen, wurden die Proben zu den Versuchen 20 und 21 bei erlöschender Feuerung und zu Versuch 22 beim Anfahren der Trockenapparatur gezogen. Die Probe des Versuches 29 ist dem Vorabscheider entnommen, um einen Einblick in Korngrössenverhältnisse, Feuchtigkeit und Plastizitätseigenschaften des Gutes aus dem Vorabscheider zu erhalten. Dieses Material wird normalerweise dem Mahlton zugeführt.

Die Herstellung von Sichtton bestätigte die bisher gesammelten Erfahrungen. Turmtemperatur und Mahlfeinheit bestimmen die Endfeuchtigkeit. Die beiden ersten müssen demzufolge richtig aufeinander abgestimmt sein. Trocknet man mit zu niedrigen Temperaturen, so wird nicht genügend

Tabelle 7:
Untersuchungen über das Plastizitätsverhalten von Sichtton

Versuch Nr.	20	21	22	23	24	25	26	27	28	29*)
Mahlfeinheit mm	0-0,25	0-0,25	0-0,25	0-0,25	0-0,25	0-0,25	0-0,25	0-0,25	0-0,25	0-0,25
Turmtemperatur °C	40	50	100	220	250	280	390	400	400	620
Feuchtigkeit										
Rohton %	17,4	21,1	20,8	20,3	19,1	20,5	19,9	20,1	10,2	18,9
Sichtton %	3,2	3,7	2,9	0,1	0,3	1,0	1,4	0,9	0,4	1,8
Siebanalyse Sichtton Korngröße:										
über 0,25 mm %	2,0	1,2	0,5	0,1	0,2	1,8	0,4	0,1	0,7	18,1
0,25-0,15 mm %	8,3	6,9	2,1	0,5	2,5	4,1	1,5	1,4	3,1	12,9
0,15-0,10 mm %	11,1	10,4	9,4	4,8	8,2	11,6	2,6	5,7	9,5	24,7
0,10-0,09 mm %	7,5	7,1	8,4	1,3	3,3	3,0	0,8	3,0	3,2	35,0
0,09-0,06 mm %	14,2	25,7	18,5	9,8	11,1	14,6	8,7	8,1	10,6	5,4
unter 0,06 mm %	56,9	48,3	61,1	83,5	74,7	64,9	86,0	81,7	72,9	3,9
Plastizität n. Pfefferkorn-Bowmaker										
Rohton	1480	1340	1685	1300	1540	1725	1185	1440	1840	1700
Sichtton	1625	1635	1810	1660	1760	1850	1375	1650	1950	1870
Plastizität n. Rieke										
Rohton	7,5	7,0	8,3	6,7	7,7	8,6	6,4	7,3	9,0	8,3
Sichtton	8,0	8,1	8,7	8,2	8,6	9,0	6,9	8,1	9,3	8,9
Biegefestigkeit nach Kohl										
Rohton kg/cm²	29,0	33,3	30,6	24,8	30,1	35,4	24,4	23,9	n. b.	24,2
Sichtton kg/cm²	31,3	36,7	33,9	27,3	38,8	38,9	31,3	24,5	n. b.	27,1

*) Die Probe des Versuches 29 ist dem Vorabscheider entnommen.

Feuchtigkeit entzogen und man erhält ein groberes Korn. Diese Tatsache lässt die Vermutung auftauchen, dass beim Trocknen mit hohen Temperaturen eine Zerkleinerungswirkung durch Auseinanderspritzen der Teilchen im Turm eintritt.

Während der Mahlton keine Plastizitätsveränderungen aufwies, wurden bei Sichtton nach der Mahl- und Trockenbehandlung in allen Versuchen (20 bis 29) höhere Bildsamkeitszahlen und eine Zunahme der Trockenbiegefestigkeit beobachtet. Diese Tatsache wird auf die feinere Korngrösse zurückgeführt. Aus der Literatur ist bekannt, dass Feinmahlung eine Steigerung der Plastizität hervorruft[44]. Theoretisch wird diese Erscheinung dahingehend gedeutet, dass durch die Feinmahlung die Kristallite des Tones zertrümmert werden, eine Vergrösserung der spezifischen Oberfläche eintritt und die dadurch freiwerdenden Bindungsvalenzen in der Lage sind, mehr Wasser zu binden. Hierdurch tritt eine Zunahme der Bildsamkeit auf. Bei der Herstellung von Mahlton ist dagegen die Korngrössenverteilung vor und nach der Trockenbehandlung - insbesondere durch den Abzug des Feinkorns für die Schlichte-Herstellung - fast die gleiche und eine Plastizitätsänderung tritt nicht ein.

Um eine Klärung darüber herbeizuführen, ob die Endfeuchtigkeit das Plastizitätsverhalten beeinflusst, ist in den Versuchen 20 bis 22 bewusst auf eine für Sichtton hohe Feuchtigkeit von 3 % bis 4 % hingearbeitet worden. Die Ergebnisse stimmen aber in jeder Weise mit denen einer niedrigen Feuchtigkeit (Versuche 23 bis 29) überein, so dass der berechtigte Schluss gezogen werden kann, dass eine geringere Endfeuchtigkeit das Bildsamkeitsverhalten nicht beeinflusst.

In der nachstehenden Abbildung 4 wird an einem Beispiel die graphische Bestimmung der Plastizität nach der Methode von BOWMAKER gezeigt. Es handelt sich um einen bei einer Turmtemperatur von 390°C durchgeführten Versuch, bei dem sowohl Mahlton als auch Sichtton erzeugt wurde. Man ersieht aus dem Schaubild, dass die Kennlinie für Rohton und für Mahlton fast parallel verläuft und somit die gleiche Plastizitätszahl ergibt. Die Gerade des Sichttones ist dagegen stärker geneigt und zeigt damit eine grössere Bildsamkeit an.

Aus den Ergebnissen der Plastizitätsuntersuchungen an Mahlton und Sichtton ist die Schlussfolgerung zu ziehen, dass in der untersuchten Anlage durch Trocknung mit Gastemperaturen bis zu 800°C keine Beeinträchtigung der Bildsamkeit eintritt. Dagegen tritt bei Feinmahlung eine Steigerung der Plastizität ein, die durch Zunahme an feinem Korn zu erklären ist.

Ergänzungsvorschläge

Die vorliegende Untersuchung über die Rohtontrocknung mit der beschriebenen Trocknungsanlage führt zu einigen Ergänzungsvorschlägen, welche die Arbeitsweise erleichtern, den Wärmeaufwand vermindern und eine bessere Überwachung ermöglichen sollen.

Zunächst ist naturgemäss der Betrieb mit einer leichter regulierbaren Gasfeuerung oder Ölfeuerung sehr viel einfacher und gleichmässiger. Jedoch ist nicht überall eine geeignete Anlage vorhanden. Andererseits besteht die Möglichkeit, eine derartige Trockenvorrichtung bei genügend

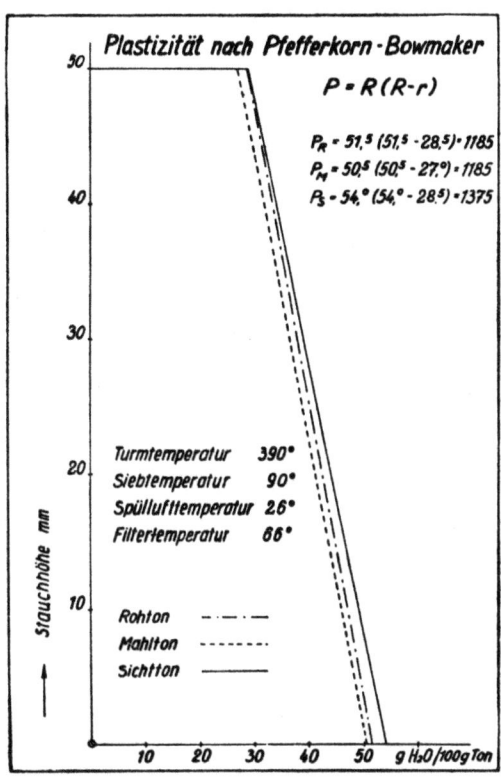

Abb. 4: **Plastizität nach Pfefferkorn-Bowmaker**

grossen und kontinuierlich arbeitenden Brennöfen mit Abhitze zu betreiben. Die Durchführbarkeit hängt naturgemäss von der Menge der zur Verfügung stehenden Abwärme ab.

Von wesentlichem Vorteil für die Anlage ist eine stärkere Wärmeisolierung des Turmes und des Siebraumes. Der Wärmeverbrauch wird dadurch auch bei höheren Trockentemperaturen um bemerkenswerte Beträge sinken. Zur Überwachung der Betriebsweise ist der Einbau eines Thermoschreibers für mehrere Thermoelement-Messtellen sehr zu empfehlen. Es werden dadurch gleichmässigere Trocken- und Siebtemperaturen gewährleistet.

Forschungsberichte des Wirtschafts- und Verkehrsministeriums Nordrhein-Westfalen

Zusammenfassung

Nach einer Erörterung der Grundlagen der Tontrocknung werden die technischen Trocknungsverfahren erläutert und eine Zusammenstellung ihrer Betriebsdaten angeführt.

Es werden Untersuchungen über die Kosten verschiedener Tontrocknungsverfahren mitgeteilt.

Eingehende Versuche befassen sich mit der Arbeitsweise eines kombinierten Mahl- und Trocknungsverfahrens, dessen Leistung mit 4-5 t/h an Mahlton der Korngrösse 0 - 2 mm, etwa 2,5 t Mahlton 0 - 1 mm und 1,5 - 1,8 t Sichtton ermittelt wurde.

Je nach der gewünschten Endfeuchtigkeit und nach der Aufgabefeuchtigkeit im Rohmaterial sind die Turmtemperaturen zu wählen. Werden sie zu niedrig angesetzt, erhält man ein zu grobes und nasses Material, wählt man sie zu hoch, arbeitet der Trockner unwirtschaftlich, weil grosse Strahlungsverluste auftreten. Für Mahlton 0 - 2 mm werden als günstige Trockenbedingungen Turmtemperaturen von $300°-500°C$, für Mahlton 0 - 1 mm zwischen $200°$ und $300°C$ und für Sichtton $200°$ bis $250°C$ ermittelt. Der Wärmeverbrauch für ein kg verdampftes Wasser beträgt in der untersuchten Anlage bei einwandfreier Bedienung 1000 bis 1250 kcal/kg H_2O. Er steigt bei niedrigen Endfeuchtigkeiten und grober Körnung stark an.

Eingehende Untersuchungen des Plastizitätsverhaltens zeigen keine Minderung der Bildsamkeit des bei Gas-Temperaturen bis $800°C$ getrockneten Mahltones. Es wird diese Tatsache auf eine Umhüllung der in den Trockenraum geschleuderten Körner mit Wasserdampf zurückgeführt. Bei der Feinmahlung und der Herstellung von Sichtton tritt eine Zunahme der nach der Methode von PFEFFERKORN-BOWMAKER bestimmten Plastizität auf.

Literaturübersicht

1) H. Salmang: Die physikalischen und chemischen Grundlagen der Keramik 2. Auflage 1951, Springer-Verlag, Berlin.

2) H. S. Robertson: Über den Feinbau der Tonmineralien. TIZ 75 (1951) S. 2/6.

3) Th. H. Tives: Die Trocknung in der Feinkeramik. Ker.Rdsch. 42 (1934) S. 536/38.

4) H. Salmang u. A. Rittgen: Die Wärmeausdehnung roher und gebrannter Tone. Sprechsaal 64 (1931) S. 447.

5) M. Hirsch: Die Trockentechnik. 1927, Springer-Verlag, Berlin.

6) W. Fabrizius: Berechnung der Trockendauer. 1933, VDI-Verlag.

7) W. Mehl: Die Luft und die Trockenanlagen. 1950, C. Marhold-Verlagsbuchhandlung, Halle.

8) E. Glücklich: Die künstliche Trocknung. Ker.Rdsch. 50 (1942) S. 130/33.

9) C. Rochelsberg: Ton-Trocknungsanlage und deren Brennstoffwirtschaft. Sprechsaal 83 (1950) S. 106/07.

10) Brit.Pat.Nr. 293 765 (1929): Vervollkommnung von Trocknern für verschiedene Materialien.

11) Eine verbesserte Methode zur Trocknung von Ton. Brit.Clayworker 46 (1937/38) S. 148/50.

12) DRP 201 128 (1907): Verfahren und Vorrichtung zum Trocknen feuchter Stoffe.

13) K. Kröll: Die Vorgänge in Trocknungs- und Erwärmungstrommeln für rieselfähige Güter. 1950, Springer-Verlag, Berlin.

14) G. H. Baumeister: Die maschinelle Trocknung. TIZ 64 (1940) S. 270/71.

15) I. S. Chernyshev: Mineral'.Syr'e 1938(1), S. 51/58. Referat: Refractories Bibliography 1928-1947, 303c, Verlag Amer.Iron Steel Inst., Columbus, Ohio, USA.

16) C. Edeling: Untersuchungen zur Zerstäubung. Beihefte zu "Angewandte Chemie" und "Chemie-Ing.Techn." Nr. 57 (1949).

17) E. Kirschbaum: Grundsätzliches und Neues über die Zerstäubungstrocknung. Chemie-Ing.Techn. 24 (1952) S. 3/12.

18) C. Naske: Die Mahltrocknung in Zahlen. Zement 22 (1933) S. 719/22.

19) C. Naske: Fortschritte der Mahltrocknung. Zement 26 (1937) S. 539/45.

20) E. Rammler: Ein Beitrag zur Theorie der Mahltrocknung. Zement 27 (1938) S. 703/06.

21) J. H. Mahler: A new method of drying and grinding clays. Claycraft Januar 1951, S. 249/55.

22) A. B. Helbig: Die Mahltrocknung mit Streusichtung. Zement 23 (1934) S. 304/09.

23) Th. H. Tives: Neue Wege für Trocknung, Mahlung und Entstaubung. Ber.DKG 19 (1938) S. 85/96.

24) DRP 161 260 (1904): Einrichtung zum Erwärmen, Trocknen und Kühlen von Stoffen in unmittelbarer Folge.

25) K. Kröll: Stromtrockner. VDI 94 (1952) H.13, S.360/64.

26) DRP 241 942 (1909): Vorrichtung zum Trocknen von körnigem Gut.

27) Th.H.Tives: Neue Wege für Trocknung, Mahlung und Entstaubung. Ber.DKG 19 (1938) S. 89/90.

28) Trocknung von Tonen und anderen Materialien mit dem Fontänentrockner. TIZ 75 (1951) S. 90.

29) L. Spuhler: Zur Geologie der Tone und Klebsande von Hettenleidelheim-Eisenberg. TIZ 75 (1951) S. 65/73.

30) W. Hüppe: Die Pfälzer Tone und Sande. TIZ 75 (1951) S. 73/75.

31) R. Rieke und H. Blicke: Die Beeinflussung der Ansaugegeschwindigkeit von Kaolin- u. Tonsuspensionen in Gipsformen durch die in der Praxis zur Herstellung von Giessmassen benutzten Verflüssigungsmittel. Ber.DKG 10 (1929) S. 75.

32) R. Rieke u. W. Johne: Über die wechselnde chemische Zusammensetzung einiger Tone innerhalb bestimmter Korngrössenfraktionen. Ber.DKG 12 (1931) S. 224.

33) R. Rieke u. G. Müller: Über die Elastizität und die plastische Erweichung einiger Kapseltone und des Porzellans. Ber.DKG 12 (1931) S. 422 und 424.

34) K. Endell, U. Hofmann u. D. Wilm: Über die Natur der keramischen Tone. Ber.DKG 14 (1933) S. 426 u. 428.

35) W.M.Cohn: Ber.DKG 7 (1926) S.154. Vergl.auch: Handbuch der Brennstofftechnik. Herausgegeben v. H. Koppers AG., Verlag W. Girardet, Essen 1928, S. 98.

36) H.E.Schwiete: Vortrag DKG 1932 nach H. Salmang: Physik u. chemische Grundlagen der Keramik. Springer-Verlag Berlin. 2.Aufl.1951, S. 148.

37) K. Pfefferkorn: Sprechsaal 57 (1924) S.297/99; 58 (1925) S.183/84; 59 (1926) S. 457/58.

38) E.J.C.Bowmaker: Journ.Soc.Glass Techn.14 (1930) S. 330/48

39) R. Rieke: Untersuchungen an deutschen Kaolinen. Ber.DKG 4 (1924) S. 176/87.

40) R. Rieke u. J. Gieth: Einige Beobachtungen über die Vorgänge beim Trocknen von Kaolinen und Tonen. Ber.DKG 12 (1931) S. 556/92.

41) H. Kohl: Die Biegefestigkeit getrockneter Tone als Mass ihres Bindevermögens. Ber.DKG 7 (1926) S. 19/31.

42) Untersuchungs- und Prüfungsmethoden keramischer Rohstoffe und Erzeugnisse. Ber.DKG 8 (1927) S. 48.

43) H. Kohl: Zur Trockenheit der Tone. Ber.DKG 11 (1930) S. 325/33.

44) M. Jakoby: Der Einfluss von Alkalien, Säuren und Salzen auf die Plastizität von Kaolinen. Ber.DKG 6 (1925) S. 101/02.

FORSCHUNGSINSTITUT
DER
FEUERFESTEN INDUSTRIE

Dipl.-Ing.F. BLOSCHIES
Dozent Dr.-Ing.habil. K. GIESEN
Prof. Dr.-Ing. H.E. SCHWIETE

Forschungsberichte des Wirtschafts- und Verkehrsministeriums Nordrhein-Westfalen

Gliederung

	Seite
Ziel der Arbeit	5
Schrifttum	5
Grundlagen der chlorierenden Verflüchtigung	5
Eigene Untersuchungen	7
Versuchsanordnung	8
Einfluß von Temperatur, Gasmenge und Korngröße	9
Verhalten von Al_2O_3 und TiO_2	11
Versuche mit Chlorgas	13
Chlorierende Reinigung von Ton	16
Zusammenfassung	18
Literaturübersicht	20

Forschungsberichte des Wirtschafts- und Verkehrsministeriums Nordrhein-Westfalen

Ziel der Arbeit

Bei der Verwendung silikatischer Rohmaterialien zur Herstellung feuerfester Stoffe für die Hüttenindustrie und den Ofenbau treten in zunehmendem Maße Schwierigkeiten durch die unreiner werdenden Rohstoffe auf. Bei der Erzeugung von Silikasteinen aus Quarzit sind es vorzugsweise Eisenoxyde und Tonerde, die einen Teil der sonst hochwertigen Findlings-Quarzite aus dem Westerwald unbrauchbar machen. Die Schamotteindustrie klagt über die Zunahme des Eisengehaltes der Tone, welche im Tiefbau gewonnen werden.

Es ist die Aufgabe der vorliegenden Arbeit, in der chlorierenden Verflüchtigung einen Weg zur Reinigung der feuerfesten Rohstoffe zu untersuchen, welcher ohne große apparative Schwierigkeiten die Beseitigung eines Teiles der unerwünschten Verunreinigungen bewirkt.

Schrifttum

Chlorhaltige Gase, wie gasförmige Salzsäure, Chlorgas und Phosgen wirken bei höherer Temperatur auf verschiedene Metalloxyde zersetzend ein, bilden Chloride, welche flüchtig sind und in dem Gasstrom mitgeführt werden. An den kälteren Stellen setzen sich diese Chloride ab, oder werden durch den vorhandenen Sauerstoff wieder oxydiert, wobei das Chlorgas zurückgebildet wird. Der Grundgedanke dieses Verfahrens ist bereits mehrfach Gegenstand von Patenten und Untersuchungen zur Darstellung von Aluminiumchlorid[1], Titanchlorid[2,3], oder zur Reinigung von Bauxit[4] oder Sanden[5] gewesen. Diatomeenerde wird durch eine zehnstündige Behandlung mit Chlorgas reiner, was sich durch Steigerung des Kegelerweichungspunktes von Kegel 17 auf 27 bemerkbar macht[6], sowie eine Steigerung der Druckfeuerbeständigkeit bei Diatomeensteinen von 1200°C auf 1300°C hervorruft[7]. In Schamottesteinen steigt die Kohlenoxydbeständigkeit durch eine Chlorbehandlung erheblich an[8].

Grundlagen der chlorierenden Verflüchtigung

In der Metallurgie der Nichteisen-Metalle wird die chlorierende Verflüchtigung mehrfach angewendet. Sie dient jedoch vorzugsweise dazu, die gewünschten Nutzmetalle aus dem vorliegenden Erz zu gewinnen. Infolgedessen sind die zu wählenden Verflüchtigungsbedingungen verschieden von denjenigen, die bei einer chlorierenden Reinigung von feuerfesten Stoffen herrschen müssen[9-13].

Bei der letzteren handelt es sich um den Versuch, vorzugsweise die Oxyde von Eisen, Titan, der Erdalkalien (Magnesium und Calcium) und der Alkalien (Natrium und Kalium) zu entfernen. Bei dieser Reinigung soll im Falle der Quarzitaufbereitung die Tonerde ebenfalls verflüchtigt werden, während bei der Behandlung von Ton ein Angriff auf den Tonerdegehalt möglichst vermieden werden muß.

Die für eine Chlorierung der in feuerfesten Rohstoffen hauptsächlich vorkommenden Metalle, Oxyde und Sulfide in Frage kommenden Reaktionen mit ihren Daten sind in der Tabelle 1 vermerkt. Als Bildungswärme ist die Wärmetönung W_p bei konstantem Druck, also die Abnahme der Enthalpie angegeben. Exotherme Reaktionen sind mit positivem (+) Vorzeichen, endotherme mit negativem (-) versehen worden[14]. Es ist darauf zu achten, daß auch die umgekehrte Schreibweise existiert, je nach der Betrachtungsweise des Reaktionsablaufes.

Aus der Aufstellung der Bildungswärme als Maß für die chemischen Affinitäten ist zu ersehen, daß die Bildung von Chloriden aus den Metallen bzw. Elementen exotherm, d.h. unter Wärmeabgabe erfolgt, während die Chlorierung von Oxyden meist einer endothermen (Wärme verzehrend) verlaufenden Reaktion entspricht. Die Höhe der aufzuwendenden Wärmemenge gibt einen Anhalt für die Schwierigkeit der Chlorierung und Verflüchtigung. Es ist ersichtlich, daß z.B. die Entfernung von Eisen aus Quarzit sehr viel leichter erfolgen wird als die Verflüchtigung von Aluminium aus Tonerde. Nach Versuchen von RICHARDSON, CLEWS und GREEN[15] ist die Reihenfolge der Angreifbarkeit durch Chlor bei den verschiedenen reinen Oxyden folgende:

                        Eisenoxyd
                        Magnesiumoxyd
                        Calciumoxyd
                        Titanoxyd
                        Zirkonoxyd
                        Tonerde
                        Kieselsäure

Tabelle 1:

Reaktionen, Bildungswärmen und Reaktionstemperaturen der Chloride

Reaktion	Bildungswärme pro Mol W_p	Reaktionsbeginn	Schmelzpunkt des Chlorides	Siedepunkt des Chlorides	Bemerkungen
$Fe + Cl_2 = FeCl_2$	$+ 82$ kcal	$60°$	$677°$	$1023°$	
$2 FeCl_2 + Cl_2 \rightleftharpoons 2 FeCl_3$	$+ 14$ kcal	$400°$			
$Fe + 3/2\, Cl_2 = FeCl_3$	$+ 96$ kcal	ab $350°$	$304°$ (u. Druck)	$319°$	Bildungstemperatur wird durch CaO auf $400°$ erhöht
$FeS_2 + Cl_2 = FeCl_2 + 2\, S$		ab $240°$			
$Fe_2O_3 + 3\, Cl_2 = 2\, FeCl_3 + 3/2\, O_2$	$- 8$ kcal	ab $500°$			
$Al + 3/2\, Cl_2 = AlCl_3$	$+ 167$ kcal		$193°$ (u. Druck)	$180°$	
$Al_2O_3 + 6\, Cl_2 \rightleftharpoons 4\, AlCl_3 + 3\, O_2$	$- 141$ kcal	ab $850°$			
$Al_2O_3 + 3\, Cl_2 + 3\, C = 2\, AlCl_3 + 3\, CO$					
$Al_2O_3 + 3\, Cl_2 + 3\, CO = 2\, AlCl_3 + 3\, CO_2$		ab $400°$			
$\alpha\text{-}Al_2O_3 + 6\, HCl \rightleftharpoons 2\, AlCl_3 + 3\, H_2O$	$- 68$ kcal				bei $1100°$
$Ti + 2\, Cl_2 = TiCl_4$	$+ 186$ kcal		$-23°$	$136°$	
$TiO_2 + 2\, Cl_2 + 2\, C = TiCl_4 + 2\, CO$	$+ 11$ kcal	ab $300°$			bei $1000°$
$Si + 2\, Cl_2 = SiCl_4$	$+ 154$ kcal		$-68°$	$57°$	
$Mg + Cl_2 = MgCl_2$	$+ 152$ kcal		$712°$	$1418°$	ab $500°$ Verdampfungsbeginn
$MgO + Cl_2 + C \rightleftharpoons MgCl_2 + CO$		ab $200°$			
$MgO + Cl_2 + CO \rightleftharpoons MgCl_2 + CO_2$					
$MgO + 2\, HCl \rightleftharpoons MgCl_2 + H_2O$		ab $20°$			bei $500°-600°$ vollständig
$Ca + Cl_2 = CaCl_2$	$+ 191$ kcal		$765°$	etwa $1600°$	
$CaO + 2\, HCl = CaCl_2 + H_2O$		ab $80°$			
$Na + 1/2\, Cl_2 = NaCl$	$+ 98$ kcal		$800°$	$1465°$	
$K + 1/2\, Cl_2 = KCl$	$+ 104$ kcal		$770°$	$1407°$	

Bei komplexen Oxyden, wie Silikaten und Spinellen ist der Angriff von Chlor geringer, d.h. die Chlorierung schwieriger. Auch die thermische Vorbehandlung spielt eine Rolle; hochgebrannte, calcinierte Oxyde sind schwerer angreifbar.

Eigene Untersuchungen

Die in der vorliegenden Arbeit durchgeführten Untersuchungen erstreckten sich zunächst auf die Eisenentfernung aus verunreinigten Quarziten.

Derartige Untersuchungen sind bisher zur Quarzitverbesserung noch nicht vorgenommen worden, so daß ihre Ergebnisse einen wichtigen Weg zur Quarzitreinigung weisen. Da nach den Berichten von Kitaigorodsky und Lande besondere Erfolge bei der Reinigung von Sand mit gasförmiger Salzsäure erzielt wurden, ist auch hier zunächst dieses Chlorierungsmittel angewendet worden. In weiteren Versuchen wurde darauf die Einwirkung von Chlorgas auf eisen- und titanhaltige Quarzite untersucht. Im Anschluß daran wurde ergänzend die Reinigung von feuerfestem Ton mit Chlorgas geprüft.

Versuchsanordnung

Die Versuche wurden in einem hochfeuerfesten Rohr aus Sintertonerde - später aus Quarzgut - durchgeführt, welches sich in einem elektrischen Widerstandsofen befand. Das Reaktionsgas HCl oder Cl_2 wurde durch ein mit Tonerde-Wasserglas-Mischung abgedichtetes Zuführungsrohr eingeleitet. Zur einwandfreien Abtrennung und Vermeidung eines Angriffes war hinter der Abdichtungsmasse noch eine Schicht reiner Tonerde, sowie Tonerde + Gips angeordnet, weil sich bei Vorversuchen Schwierigkeiten mit der Abdichtung herausgestellt hatten. Vor der eigentlichen Prüfmasse wurde eine Schicht grober Quarzitkörner eingefüllt, um eine einwandfreie Probenahme für die Analyse zu gewährleisten. Die Abbildung 1 zeigt eine Skizze des Aufbaues der Versuchsapparatur, aus welcher alle Einzelheiten hervorgehen.

Die Erzeugung von HCl erfolgte aus Schwefelsäure und Kochsalz mit nachfolgender Reinigung und Entwässerung durch konzentrierte H_2SO_4. Der Gasstrom wurde einheitlich derart geregelt, daß bei allen Versuchen eine Gasmenge von 15 Litern pro Stunde eingeleitet wurde. Der austretende Gasstrom wurde durch eine mit NaOH gefüllte Waschflasche geleitet, um die entstehenden Chloride aufzufangen. Bei der Durchführung der Versuche stellte sich die Notwendigkeit heraus, den abgehenden Gasstrom mit einer Mindesttemperatur von $300°C$ in die Waschflüssigkeit zu leiten. Bei einem Absinken der Temperatur unter die angegebene Höhe trat eine Kondensation bzw. Sublimation der verflüchtigten Chloride ein, welche schon nach kurzer Zeit die Leitungen verstopften.

Forschungsberichte des Wirtschafts- und Verkehrsministeriums Nordrhein-Westfalen

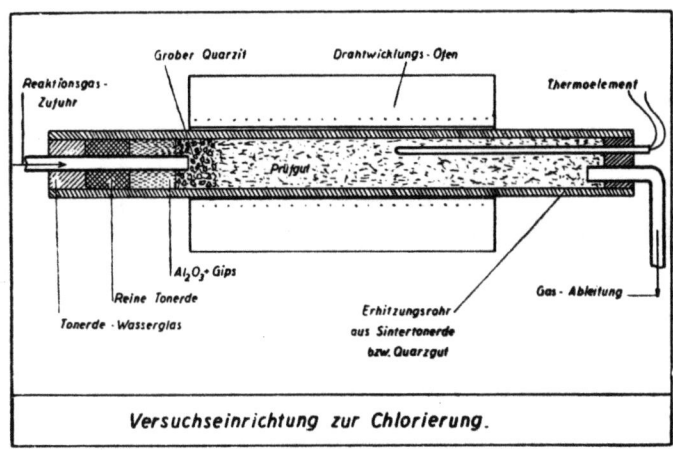

Versuchseinrichtung zur Chlorierung.

Abb. 1: Versuchseinrichtung

Einfluß von Temperatur, Gasmenge und Korngröße

Zunächst wurden Versuche über die Abhängigkeit der Verflüchtigung von der
T e m p e r a t u r durchgeführt. Die in der Abbildung 2 dargestellten
Ergebnisse zeigen eindeutig eine Abnahme des Fe_2O_3-Gehaltes des hocheisen-
haltigen Quarzites mit steigender Chlorierungstemperatur. Der untersuchte
Quarzit besaß folgende Ausgangsanalyse des geglühten Gutes:

SiO_2 93,12 %

Fe_2O_3 5,31 %

Al_2O_3 0,63 %

TiO_2 0,50 %

CaO 0,22 %

MgO 0,16 %

$K_2O + Na_2O$ 0,06 %

Es gelang, wie die Abb. 2 erkennen läßt, durch eine zweistündige HCl-Behandlung den Fe_2O_3-Gehalt bei 800°C auf 1,3 % und bei 1000°C auf 0,8 % zu
senken. Damit ergibt sich als Schlußfolgerung, daß eine möglichst hohe
Temperatur die chlorierende Eisenverflüchtigung fördert.

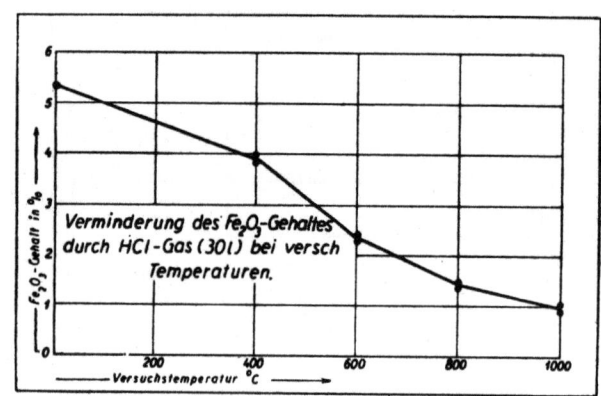

Abb. 2 Einfluß der Temperatur

Weitere Versuche befaßten sich mit dem Einfluß der G a s m e n g e.
Aus apparativ bedingten Gründen wurde die Verflüchtigungstemperatur für diese Versuchsreihe auf 850°C festgelegt. Die in der Abbildung 3 graphisch dargestellten Versuchsergebnisse zeigen den zunächst sehr schnell abnehmenden Eisengehalt. Die starke Einwirkung des Chlorierungsmittels läßt im Laufe der Behandlung nach, so daß nach zwei bis drei Stunden eine nur noch langsam abnehmende Tendenz zu erkennen ist.

Die aus einer größeren Anzahl von Versuchsergebnissen durch Bildung des Mittelwertes gebildete Kurve zeigt, daß ein Anfangs-Fe_2O_3-Gehalt von 4,66 % in 2 Stunden auf 1,47 %, in 8 Stunden auf 0,82 % und in 12 Stunden auf 0,75 % gesunken ist.

In der Abbildung 4 sind die Werte für die Eisen-Abnahme und die SiO_2-Zunahme zusammengefaßt. Sie läßt erkennen, daß - besonders in den ersten Stunden der Behandlung - eine sehr erhebliche Reinigung des Quarzites eintritt. Der SiO_2-Gehalt erhöht sich von im Mittel 93,51 % auf 97,50 % nach 4 Stunden (60 l HCl-Gas) und auf 98,41 % nach 12 Stunden (180 l HCl-Gas). Interessant ist neben der Abnahme des Fe_2O_3-Gehaltes und der Zunahme des SiO_2-Gehaltes das Verhalten der Summe der übrigen Verunreinigungen. Die leicht abfallende Kurve für diese Oxyde zeigt, daß auch hier eine Verflüchtigung stattgefunden haben muß - wenn auch in geringem Maße - weil andernfalls eine Anreicherung zu beobachten sein müßte.

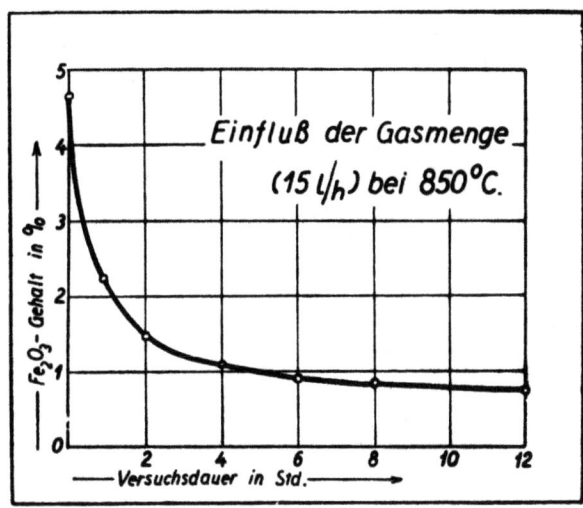

Abb. 3: Einfluß der Gasmenge

Zur Beobachtung des Einflusses der K o r n g r ö ß e des behandelten Gutes wurden 3 Proben mit verschiedenen Kornfraktionen bei 850°C einer 6stündigen HCl-Behandlung unterworfen. Das Ergebnis geht aus der nachstehenden Aufstellung hervor. Die Proben wurden zur exakten Bestimmung der Chlorierungserfolge jeweils vor und nach jeder Behandlung analysiert.

Korngröße	Fe_2O_3-Abnahme	SiO_2-Zunahme
5 - 3 mm	- 78,2 %	+ 4,9 %
3 - 1 mm	- 81,2 %	+ 5,9 %
1 - 0 mm	- 69,0 %	+ 2,9 %
nur gebrochen, unklassiert		
5 - 0 mm	- 81,7 %	+ 5,4 %

Der Einfluß der Korngröße des behandelten Materials ist bis zu einer Größe von 5 mm unwesentlich. Lediglich die feinen Kornfraktionen bis zu 1 mm besitzen bekanntlich die meisten Verunreinigungen (besonders Al_2O_3) und lassen sich daher schwerer reinigen. Wegen der geringen Korngröße und der dichten Packung des feinen Anteils ist ein Angriff des chlorierenden Gases anscheinend nur unvollkommen möglich, wie die Ergebnisse der Eisen-Abnahme und der gleichfalls geringeren SiO_2-Zunahme zeigen. Wie aber

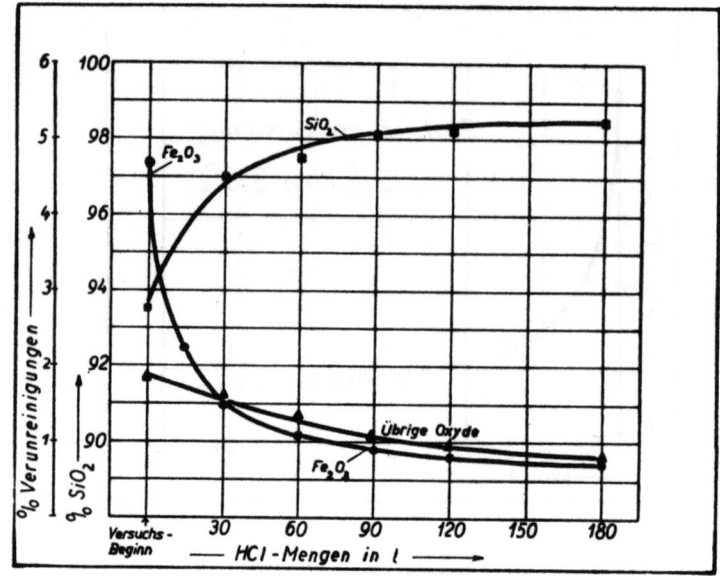

Abb. 4: Behandlung von stark eisenhaltigem Quarzit
mit HCl-Gas bei 850° C und einer Gasgeschwindigkeit von 15 l/h

aus der letzten Zeile mit den Ergebnissen eines unklassierten, nur gebrochenen Quarzites hervorgeht, ist auch hier eine normale Eisenentfernung von über 80 % bei einer SiO_2-Anreicherung von mehr als 5 % erreichbar. In den folgenden Versuchen sind daher keine Körnungsdifferenzierungen mehr erfolgt, sondern Untersuchungen an dem aus dem Laboratoriumsbrecher kommenden Zerkleinerungsgut 5 - 0 mm vorgenommen worden. Der Körnungsaufbau eines derartig gebrochenen Gutes ist folgender:

5	- 3	mm	28,0 %
3	- 1	mm	38,1 %
1	- 0,5	mm	11,3 %
0,5	- 0,2	mm	9,3 %
0,2	- 0,09	mm	7,1 %
0,09	- 0,06	mm	2,0 %
unter	0,06	mm	4,2 %

Verhalten von Al_2O_3 und TiO_2

Die Beobachtung der Abnahme auch anderer Verunreinigungen als Fe_2O_3 ist für die Silika-Industrie von großer Bedeutung. Neben dem Eisenoxyd können gerade die Gehalte an Al_2O_3, TiO_2 und Alkalien den Wert der zur

Tabelle 2: HCl-Behandlung verschiedener Quarzitproben bei 850°C, 6 Stunden

	SiO_2 %	Zunahme SiO_2	Al_2O_3 + TiO_2 %	Abnahme Al_2O_3 + TiO_2	Fe_2O_3 %	Abnahme Fe_2O_3	Bemerkungen
Ausgangsanalyse	93,15	—	1,90	—	4,63	—	Eisenreicher Quarzit
Nach der Behandlung	98,29	+5,22%	0,65	−65,79%	0,80	−82,72%	
Ausgangsanalyse	93,40	—	1,77	—	4,60	—	Eisenreicher Quarzit
Nach der Behandlung	98,04	+4,73%	0,98	−44,63%	0,93	−79,78%	
Ausgangsanalyse	92,72	—	1,89	—	4,56	—	Eisenreicher Quarzit
Nach der Behandlung	98,20	+5,58%	0,76	−59,78%	0,90	−80,26%	
Ausgangsanalyse	94,65	—	0,96	—	4,26	—	Eisenreicher Quarzit
Nach der Behandlung	98,43	+3,84%	0,70	−27,08%	0,56	−86,85%	
Ausgangsanalyse	96,45	—	2,43	—	0,76	—	Eisenarmer Quarzit
Nach der Behandlung	97,85	+1,43%	1,98	−22,73%	0,14	−81,57%	

Verfügung stehenden Rohstoffe stark herabsetzen und u.U. zur Verwendung für die metallurgische Industrie und den Koksofenbau unbrauchbar machen. Es wurden daher zur Klärung des Verhaltens der Oxyde Al_2O_3 und TiO_2 eine Reihe von Versuchen angeschlossen, von denen Tabelle 2 zunächst die Wirkung der HCl-Behandlung bei 850°C auf verschiedene Quarzitproben zeigt.

Die Aufstellung läßt erkennen, daß sowohl bei einem eisenreichen als auch bei einem eisenarmen Quarzit die Eisenentfernung einheitlich 80 - 86 % beträgt. Die Abnahme des Summengehaltes an Al_2O_3 + TiO_2 ist nicht immer gleichmäßig, sie schwankt zwischen 66 und 23 %. Die Zunahme des SiO_2-Gehaltes ist von der Menge der im Ausgangsprodukt enthaltenen Gesamtoxyde - vorzugsweise des Fe_2O_3 - abhängig. Aus der Tabelle 2 ist somit zu schließen, daß eine Verflüchtigung der Oxyde Al_2O_3 und TiO_2 erfolgt, jedoch nach zunächst unterschiedlichen Bedingungen.

Um das Verhalten der Tonerde und des Titanoxyds im einzelnen zu studieren, wurden einige weitere Versuche angesetzt, bei denen die Bedingungen etwas variiert wurden.

Die Ergebnisse - zusammengestellt in Tabelle 3 - lassen erkennen, daß die chlorierende Verflüchtigung von TiO_2 leichter vor sich geht als von

Tabelle 3: Verhalten von Al_2O_3 und TiO_2 bei der HCl-Behandlung

	SiO_2 %	Al_2O_3 %	Abnahme des Al_2O_3-Gehaltes	TiO_2 %	Abnahme des TiO_2-Gehaltes	Fe_2O_3 %
Eisenhaltiger Quarzit						
Ausgangsanalyse	94,60	0,41	—	0,55	—	4,26
Nach Behandlung 6 h 850°C	98,45	0,45	+ 9,75%	0,42	− 23,63%	0,60
Titanhaltiger Quarzit						
Ausgangsanalyse	96,45	0,85	—	1,58	—	0,76
Nach Behandlung 8 h 850°C	97,58	0,74	− 12,95%	1,26	− 20,25%	0,27
Ausgangsanalyse	96,45	0,85	—	1,58	—	0,76
Nach Behandlung 8 h 1000°C	97,60	0,75	− 11,77%	1,25	− 20,88%	0,10

Al_2O_3. Diese Beobachtung steht in Übereinstimmung mit den Angaben von RICHARDSON, CLEWS, BARRETT und GREEN[8]. Die bei dem ersten Versuch beobachtete leichte Zunahme des Al_2O_3-Gehaltes dürfte auf einen Analysenfehler zurückzuführen sein. Die Abnahme des TiO_2-Gehaltes ist größenordnungsmäßig in allen drei Versuchen gleich und beträgt 2o - 24 %, während der Al_2O_3-Gehalt nur um 12 - 13 % sinkt.

Versuche mit Chlorgas

Die verhältnismäßig geringe Wirkung von Salzsäuregas auf die Verunreinigungen Al_2O_3 und TiO_2 gab Veranlassung zu einer weiteren Versuchsreihe, bei welcher Chlorgas als Verflüchtigungsmittel Verwendung fand. Da die chlorierende Verflüchtigung des Eisens kein Problem mehr darstellte, wurde ein eisenarmer, aber dafür TiO_2-reicher Quarzit untersucht. Als Ergebnis der in dieser Richtung vorgenommenen Untersuchungen (siehe Tabelle 4) kann festgestellt werden, daß Chlorgas intensiver wirkt als HCl-Gas. Wie die beiden ersten der aufgeführten Versuche zeigen, ist bei der Verwendung von Cl_2 allein zwar die Al_2O_3-Abnahme kaum größer als bei HCl, aber die TiO_2-Verflüchtigung ist höher als 6o %. Hierbei liegt die Verflüchtigung des Fe_2O_3 in der bisher beobachteten Größenordnung von 8o % und mehr.

Der letzte Versuch der Tabelle 4 wurde unter Zusatz von Kohle zur Erreichung einer reduzierenden Atmosphäre durchgeführt. Aus dem Ergebnis ist

Tabelle 4:
Chlor-Behandlung (8h, 1000° C) eines eisenarmen Quarzites

	SiO_2 %	SiO_2 — Zunahme	Al_2O_3 %	Al_2O_3 — Abnahme	TiO_2 %	TiO_2 — Abnahme	Fe_2O_3 %	Fe_2O_3 — Abnahme
Ausgangsanalyse	96,45	—	0,85	—	1,58	—	0,76	—
nach Cl_2-Behandlung	98,50	+2,08%	0,75	—11,76%	0,60	—62,02%	0,17	—77,63%
Ausgangsanalyse	96,30	—	0,90	—	1,60	—	0,80	—
nach Cl_2-Behandlung	98,42	+2,15%	0,74	—17,77%	0,58	—63,75%	0,13	—83,75%
Ausgangsanalyse	96,45	—	0,85	—	1,58	—	0,76	—
Cl_2 + Reduktions-Kohle	99,10	+2,67%	0,14	—83,53%	0,20	—87,34%	0,47	—38,15%*)

*) Die Reduktionskohle war etwas eisenhaltig.

ersichtlich, daß das Vorhandensein eines Reduktionsmittels sehr günstig wirkt. Die Verflüchtigung der Al_2O_3 erreicht einen Wert von 83,53 % und die TiO_2-Verflüchtigung sogar 87,34 %. Die zu beobachtende geringe Verflüchtigung des Fe_2O_3 beruht auf dem Fe_2O_3-Gehalt der Asche der Reduktionskohle.

Aus diesen Versuchen ist somit ersichtlich, daß zur Reinigung von Quarzit Chlorgas sehr geeignet ist, besonders in Verbindung mit reduzierenden Stoffen wie Kohle, CO und dergleichen. Ein als besonders wirksam anzusehendes gasförmiges Chlorierungsmittel ist daher auch das Gas Phosgen $COCl_2$. Infolge seiner außerordentlichen großen Giftigkeit ist aber seine praktische Verwendung immer in Frage gestellt. Die günstige Wirkung des Reduktionsmittels bei der Chlorierung beruht wahrscheinlich darauf, daß neben einer gewissen Reduktionswirkung auf das Ausgangsoxyd auch der Wärmeverbrauch der an sich endothermen Chlorierungsreaktion durch den exothermen Vorgang der Oxydation des Kohlenstoffes oder des Kohlenoxyds überlagert und damit vermindert wird.

Die Chlorierung des TiO_2 erfolgt nach bereits vorliegenden Beobachtungen[16] schon bei verhältnismäßig niedrigen Temperaturen von 350° bis 450°C, während Fe_2O_3 und Al_2O_3 erst bei Temperaturen von 800°C ab mit praktisch nennenswertem Erfolg chloriert und verflüchtigt werden. Diese in Stufen erfolgende Chlorierung muß beachtet werden; es ist daher zweckmäßig, die Einleitung von Chlor schon frühzeitig (ab 300°C) zu beginnen und dann die Temperatur zu steigern. Auf diese Weise wird ein wesentlicher Teil des TiO_2 schon bei niedrigen Temperaturen verflüchtigt, ohne bei hohen Temperaturen in schwer angreifbare Oxydgemische oder Titanate überzugehen. Bei den vorstehend beschriebenen Versuchen ist in Erkenntnis dieser Tatsache die Chlorierung bereits bei 300°C begonnen und bis zu den angegebenen Höchsttemperaturen durchgeführt worden.

Den **theoretischen Chlorverbrauch** kann man nach den Reaktionsformeln (Tabelle 1 Seite 4) berechnen. Er beträgt für

$$1 \text{ kg } Fe_2O_3 \ldots\ldots 1,31 \text{ kg } Cl_2 = 0,419 \text{ Nm}^3 \text{ } Cl_2$$
$$1 \text{ kg } Al_2O_3 \ldots\ldots 2,06 \text{ kg } Cl_2 = 0,658 \text{ Nm}^3 \text{ } Cl_2$$
$$1 \text{ kg } TiO_2 \ldots\ldots 1,75 \text{ kg } Cl_2 = 0,560 \text{ Nm}^3 \text{ } Cl_2$$

Nach neueren Beobachtungen[17] ist zur chlorierenden Verflüchtigung von Eisen aus Prozellan-Rohstoffen nicht mehr als 150 % des theoretischen Verbrauchs notwendig, wobei die Möglichkeit der Rückgewinnung von Fe und Cl_2 aus dem Verflüchtigungsprodukt besteht.

Zusammenfassend läßt sich über die Reinigung von Quarzit durch chlorierende Verflüchtigung sagen, daß mit HCl-Gas zwar eine Eisenentfernung von über 80 % zu erreichen ist, jedoch die Beseitigung von Al_2O_3 und TiO_2 nur unvollkommen erfolgt. Die Verwendung von Chlorgas - insbesondere bei Anwesenheit von Reduktionsmitteln - führt zu einem vollen Erfolg. Es lassen sich sowohl Fe_2O_3 als auch TiO_2 und das schwerer chlorierbare Al_2O_3 zu über 80 % als Chloride verflüchtigen, wobei gleichzeitig ein entsprechender Anstieg des SiO_2-Gehaltes erfolgt. Sicherlich findet bei hohen Temperaturen auch eine Verflüchtigung von SiO_2 als $SiCl_4$ statt. Sie spielt jedoch bei dem hohen Kieselsäuregehalt des Ausgangsgutes keine Rolle und ist außerdem - wie die Anreicherung des Quarzites an SiO_2 zeigt - kleiner als die Verflüchtigung der übrigen Komponenten.

Diese bedeutsamen Erkenntnisse zeigen einen Weg zur Reinigung eisen- und tonerdereicher Quarzite. Es ist apparativ und verfahrenstechnisch durchaus möglich, eine chlorierende Veredlungs-Behandlung unreiner Quarzitsorten durchzuführen. Allerdings müssen die aufgewendeten Kosten für die Erhitzung - verbunden mit der Chlorierung - in einem angemessenen Verhältnis zur eintretenden Wertsteigerung dieses feuerfesten Rohproduktes stehen. Es wäre weiterhin noch zu untersuchen, ob eine Chlorierungsbehandlung auch während des Brandes der F o r m l i n g e, also während des

Herstellungsganges der feuerfesten Steine, ohne allzu große Zunahme der Porosität möglich ist.

Chlorierende Reinigung von Ton

Die guten Ergebnisse der Chlorbehandlung von Quarziten liessen es notwendig erscheinen, wenigstens einige Tastversuche zur chlorierenden Reinigung von Ton anzuschließen. Es muß bei der Behandlung dieses feuerfesten Rohstoffes jedoch beachtet werden, daß eine Verflüchtigung von Al_2O_3 hierbei unerwünscht ist, weil gerade der Tonerdegehalt den Wert des feuerfesten Schamottesteines bestimmt. Andererseits ist besonders für die heute in zunehmendem Maße gewonnenen Tiefbautone mit ihren manchmal recht hohen Eisengehalten die Kenntnis eines möglichst einfachen Reinigungsverfahrens wertvoll.

In der Tabelle 5 und der Abbildung 5 sind zwei Versuche aufgeführt, welche mit rohem Ton als Ausgangsmaterial vorgenommen wurden. Die Chlorierung erfolgte bei der üblichen Schamotte-Brenntemperatur von 1200°C mit Chlor allein und unter Zusatz von Kohlenoxydgas.

Aus den Ergebnissen dieser Tastversuche ist zu ersehen, daß bei geeigneter Verfahrensweise - insbesondere bei reduzierender Atmosphäre - ebenfalls ein erheblicher Reinigungseffekt für die Verunreinigungen TiO_2 und Fe_2O_3 erzielt werden kann, ohne daß ein unerwünscht hoher Angriff auf die Tonerde erfolgt. Bei der Chlorierung von Ton findet selbstver-

Tabelle 5:
Chlorbehandlung von Ton
Die Analysen sind für den geglühten Zustand angegeben.

Behandlungsgut	Al_2O_3 %	Al_2O_3 — Zunahme	TiO_2 %	TiO_2 — Abnahme	Fe_2O_3 %	Fe_2O_3 — Abnahme	SiO_2 %	SiO_2 — Zunahme
Großalmeroder Ton	37,75	—	0,90	—	2,55	—	56,92	—
Nach Chlorierung 8h, 1200° C	38,94	+3,15%	0,50	—44,44%	0,87	—65,88%	58,24	+2,32%
Rheinischer Ton eisenhaltig	38,93	—	1,02	—	3,35	—	54,10	—
Reduzierende Chlorierung, 8h, 1200° C	40,40	+3,77%	0,29	—71,57%	0,72	—78,50%	57,39	+6,08%

ständlich auch ein Angriff auf Al_2O_3 und SiO_2 statt. Da aber diese beiden Komponenten die größere Affinität zum Sauerstoff besitzen, erfolgt ihre Zersetzung später als die der anderen vorhandenen Oxyde, so daß letzten Endes eine Anreicherung an Al_2O_3 und SiO_2 stattfindet, während die Verunreinigungen Fe_2O_3 und TiO_2 vermindert werden.

Diese Untersuchungen zeigen auch für das Gebiet des feuerfesten Tones einen Weg zur Reinigung von unerwünschten Beimengungen. Es ist durchaus denkbar, die beschriebene chlorierende Verflüchtigung während des Schamottebrandes im Schachtofen oder Drehrohrofen vorzunehmen, wobei darauf hinzuweisen ist, daß eine Wiedergewinnung des größten Teiles des Chlors möglich ist, weil sich die meisten der gebildeten Chloride mit Sauerstoff unter Chlorabgabe zersetzen.

Abb. 5: Reinigung von Ton durch Cl_2-Gas bei 1200° C

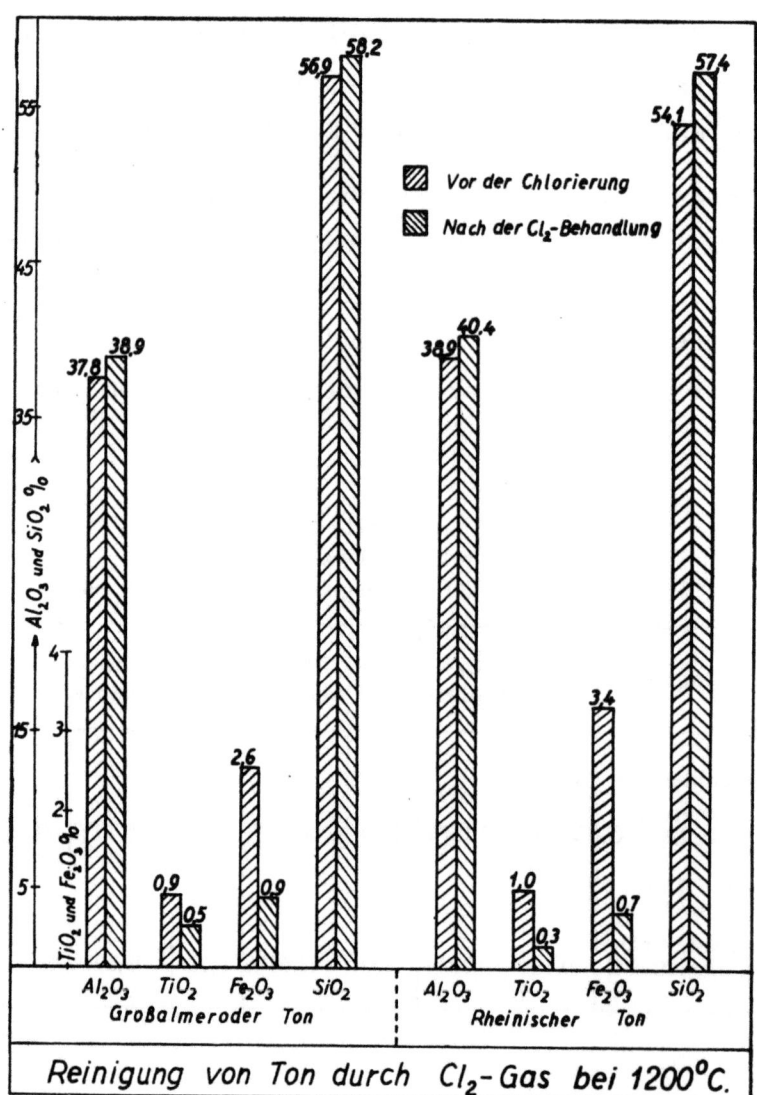

Es wird weiteren Untersuchungen vorbehalten bleiben, die Wirkung der beschriebenen Verflüchtigungsbehandlung auf die Kristallumwandlung beim Quarzit und die Mullitbildung beim Ton zu beobachten. Wie die vorstehend beschriebenen Versuche zeigen, ist die Wirkung einer chlorhaltigen Gasatmosphäre auf feuerfeste Stoffe so erheblich, daß dieses Problem dringend einer intensiven Bearbeitung bedarf.

Zusammenfassung

Es wird über Untersuchungen zur chemischen Reinigung von feuerfesten Rohstoffen durch eine chlorierende Verflüchtigung berichtet.

Bei der Behandlung von eisenhaltigem Quarzit mit gasförmiger Salzsäure ist eine weitgehend gradlinige Abhängigkeit der Eisenentfernung von der B e h a n d l u n g s t e m p e r a t u r festzustellen. Bei gleicher Gasmenge fällt der Eisengehalt mit steigender Temperatur linear ab. Im Gegensatz dazu wirkt die G a s m e n g e zuerst sehr stark, später schwächer ein. Die Kurve zeigt einen Hyperbel-ähnlichen Verlauf. Ein Quarzit mit einem Eisengehalt von 4,66 % konnte in 12stündiger Salzsäurebehandlung bei 850°C bis auf 0,75 % von Eisen befreit werden. Neben der Eisenentfernung war auch ein geringer Abfall der übrigen verunreinigenden Oxyde zu beobachten. Der Gehalt an SiO_2 konnte von seinem Ausgangswert bei 93,51 % auf 98,41 % in 12 Stunden gesteigert werden.

Die Beobachtung des Verhaltens von Fe_2O_3, Al_2O_3 und TiO_2 gegenüber dem Salzsäureangriff ergab, daß Fe_2O_3 leicht zu 80 - 87 % entfernt werden kann, während Al_2O_3 und TiO_2 nur zu einem wesentlich geringeren Prozentsatz verflüchtigt werden. Hierbei ist TiO_2 leichter zu chlorieren (20 - 25 %), während Al_2O_3 nur zu 11-13 % des Gehaltes einem Angriff unterliegt.

Wesentlich bessere Ergebnisse der chlorierenden Verflüchtigung der Oxyde Al_2O_3 und TiO_2 konnten mit C h l o r g a s erzielt werden, besonders wenn es in reduzierender Atmosphäre angewendet wurde. Es konnten hierbei Fe_2O_3 zu 84 %, Al_2O_3 zu 83,5 % und TiO_2 zu 87 % aus einem Quarzit mit einem Anfangsgehalt von 0,76 % Fe_2O_3, 0,85 % Al_2O_3 und 1,58 % TiO_2 entfernt werden. Der SiO_2-Gehalt stieg durch die Cl_2-Behandlung von 96,45 % auf 99,10 %.

Ergänzende Untersuchungen an T o n zeigten, daß auch hier durch eine chlorierende Verflüchtigung eine Reinigung zu erzielen ist, welche sich auf

80 % des Fe_2O_3-Gehaltes und etwa 70 % des TiO_3-Gehaltes erstreckt. Der Prozeß muß in seinem Ablauf richtig geleitet werden, damit eine Chlorierung und Verflüchtigung von Al_2O_3 nach Möglichkeit unterbleibt.

Auf die technische Bedeutung und die industrielle Anwendung zur chlorierenden Reinigung feuerfester Rohstoffe wird hingewiesen.

Forschungsberichte des Wirtschafts- und Verkehrsministeriums Nordrhein-Westfalen

Literaturübersicht

1) J. Hille: Herstellung von Aluminiumchlorid. DBP 817 457 (1949)

2) R.v.d. Leeden: Verfahren zur Gewinnung von Halogenverbindungen der Alkalien, des Aluminiums, Siliciums, Titans und anderer Basen aus natürlichen Doppelsilikaten. DRP 267 867 (1913)

3) I.G. Farbenindustrie AG: Verfahren zur Gewinnung von Titan (4) - Chlorid aus Ton. DRP 726 429 (1942)

4) C.v. Girsewald u. P. Babel: Reinigung tonerdehaltiger Rohstoffe. DRP 547 107 (1932)

5) J.K. Kitaigorodsky u. L.S. Lande: Verminderung des Eisengehaltes von Sanden und Tonen. Glass 13 (1936) S. 8-17

6) L.R. Barrett, H.M. Richardson u. A.T. Green: Wirkung von Chlor auf Diatomeenerde. Bull.Brit.Refract.Research Ass. No. 57 (1940)

7) H.M. Richardson, F.H. Clews, L.R. Barrett u. A.T. Green: Einwirkung einer Chlorbehandlung auf einige Eigenschaften von feuerfestem Ton und Diatomeen-Erzeugnissen. Bull.Brit.Refract.Research Ass.No. 61 (1941) S. 59

8) H.M. Richardson, F.H. Clews, L.R. Barrett u. A.T. Green: Wirkung einer Chlorbehandlung auf die physikalischen und chemischen Eigenschaften einiger handelsüblicher feuerfester Produkte. Trans.Brit.Cer.Soc.43 (1944) S. 179-185

9) G. Gerichten: Beitrag zur Erforschung der Bedingungen für die chlorierende Verflüchtigung von Metallen. Diss. Aachen 1927

10) E. Zielinski: Beitrag zur Erforschung der Bedingungen für die chlorierende Verflüchtigung von Metallen. Archiv Erzbergbau und Metallhüttenwesen 1 (1931) S. 31-40

11) H. Borchers: Neuere Untersuchungen über die Chlorierung und chlorierende Verflüchtigung von Metallen und Legierungen. Metallwirtschaft 14 (1935) S. 713-719

12) V. Tafel: Lehrbuch der Metallhüttenkunde. Bd. I, 2. Aufl. 1951 Leipzig, Verlag Hirzel

13) S.M. Phelps: Die Wirkung von Gas-Atmosphäre auf feuerfeste Stoffe. Techn.Bull.Am.Refr.Inst. No. 48 (1934) S. 1-11

14) J. Eggert: Lehrbuch der physikalischen Chemie. 6.Aufl. 1944, Leipzig, Verlag Hirzel

15) H.M. Richardson, F.H. Clews u. A.T. Green: Untersuchungen über den Angriff von Chlor auf verschiedene Oxyde, Silikate und Spinelle. Trans.Brit.Cer.Soc. 41 (1942) S. 196-205

16) DRP 547 107 (1932); DRP 726 429 (1942)

17) T. Susuki und S. Tomisawa: Die Entfernung von Eisen aus keramischen Rohmaterialien durch Chlor. Ber.Japan.Forsch.Inst. der Regierung Tokio 46 (1951) S. 205-211.

Aachen, 1. Oktober 1952

FORSCHUNGSINSTITUT
DER
FEUERFESTEN INDUSTRIE

Dozent Dr.-Ing. habil. K. GIESEN

FORSCHUNGSBERICHTE DES WIRTSCHAFTS- UND VERKEHRSMINISTERIUMS NORDRHEIN-WESTFALEN

Herausgegeben von Ministerialdirektor Prof. Leo Brandt

Heft 1:
Prof. Dr.-Ing. Eugen Flegler, Aachen,
Untersuchungen oxydischer Ferromagnet-Werkstoffe

Heft 2:
Prof. Dr. phil. Walter Fuchs, Aachen,
Untersuchungen über absatzfreie Teeröle

Heft 3:
Techn.-Wissenschaftl. Büro für die Bastfaserindustrie, Bielefeld,
Untersuchungsarbeiten zur Verbesserung des Leinenwebstuhls

Heft 4:
Prof. Dr. E. A. Müller u. Dipl.-Ing. H. Spitzer, Dortmund,
Untersuchungen über die Hitzebelastung in Hüttenbetrieben

Heft 5:
Dipl.-Ing. Werner Fister, Aachen,
Prüfstand der Turbinenuntersuchungen

Heft 6:
Prof. Dr. phil. Walter Fuchs, Aachen,
Untersuchungen über die Zusammensetzung und Verwendbarkeit von Schwelteerfraktionen

Heft 7:
Prof. Dr. phil. Walter Fuchs, Aachen,
Untersuchungen über emsländisches Petrolatum

Heft 8:
Maria Elisabeth Meffert und Heinz Stratmann, Essen
Algen-Großkulturen im Sommer 1951

Heft 9:
Techn.-Wissenschaftl. Büro für die Bastfaserindustrie, Bielefeld,
Untersuchungen über die zweckmäßige Wicklungsart von Leinengarnkreuzspulen unter Berücksichtigung der Anwendung hoher Geschwindigkeiten des Garnes
Vorversuche für Zetteln und Schären von Leinengarnen auf Hochleistungsmaschinen

Heft 10:
Prof. Dr. Wilhelm Vogel, Köln,
„Das Streifenpaar" als neues System zur mechanischen Vergrößerung kleiner Verschiebungen und seine technischen Anwendungsmöglichkeiten

Heft 11:
Laboratorium für Werkzeugmaschinen und Betriebslehre, Technische Hochschule Aachen,
1. Untersuchungen über Metallbearbeitung im Frässvorgang mit Hartmetallwerkzeugen und negativem Spanwinkel
2. Weiterentwicklung des Schleifverfahrens für die Herstellung von Präzisionswerkstücken unter Vermeidung hoher Temperaturen
3. Untersuchung von Oberflächenveredlungsverfahren zur Steigerung der Belastbarkeit hochbeanspruchter Bauteile

Heft 12:
Elektrowärme-Institut, Langenberg (Rhld.),
Induktive Erwärmung mit Netzfrequenz

Heft 13:
Techn.-Wissenschaftl. Büro für die Bastfaserindustrie, Bielefeld,
Das Naßspinnen von Bastfasergarnen mit chemischen Zusätzen zum Spinnbad

Heft 14:
Forschungsstelle für Acetylen, Dortmund,
Untersuchungen über Aceton als Lösungsmittel für Acetylen

Heft 15:
Wäschereiforschung Krefeld,
Trocknen von Wäschestoffen

Heft 16:
Max-Planck-Institut für Kohlenforschung, Mülheim a. d. Ruhr,
Arbeiten des MPI für Kohlenforschung

Heft 17:
Ingenieurbüro Herbert Stein, M. Gladbach,
Untersuchung der Verzugsvorgänge in den Streckwerken verschiedener Spinnereimaschinen. 1. Bericht: Vergleichende Prüfung mit verschiedenen Dickenmeßgeräten

Heft 18:
Wäschereiforschung Krefeld,
Grundlagen zur Erfassung der chemischen Schädigung beim Waschen

Heft 19:
Techn.-Wissenschaftl. Büro für die Bastfaserindustrie, Bielefeld,
Die Auswirkung des Schlichtens von Leinengarnketten auf den Verarbeitungswirkungsgrad, sowie die Festigkeits- und Dehnungsverhältnisse der Garne und Gewebe

Heft 20:
Techn.-Wissenschaftl. Büro für die Bastfaserindustrie, Bielefeld,
Trocknung von Leinengarnen I
Vorgang und Einwirkung auf die Garnqualität

Heft 21:
Techn.-Wissenschaftl. Büro für die Bastfaserindustrie, Bielefeld,
Trocknung von Leinengarnen II
Spulenanordnung und Luftführung beim Trocknen von Kreuzspulen

Heft 22:
Techn.-Wissenschaftl. Büro für die Bastfaserindustrie, Bielefeld,
Die Reparaturanfälligkeit von Webstühlen

Heft 23:
Institut für Starkstromtechnik, Aachen,
Rechnerische und experimentelle Untersuchungen zur Kenntnis der Metadyne als Umformer von konstanter Spannung auf konstanten Strom

Heft 24:
Institut für Starkstromtechnik, Aachen,
Vergleich verschiedener Generator-Metadyne-Schaltungen in bezug auf statisches Verhalten

Heft 25:
Gesellschaft für Kohlentechnik mbH., Dortmund-Eving,
Struktur der Steinkohlen und Steinkohlen-Kokse

Heft 26:
Techn.-Wissenschaftl. Büro für die Bastfaserindustrie, Bielefeld,
Vergleichende Untersuchungen zweier neuzeitlicher Ungleichmäßigkeitsprüfer für Bänder und Garne hinsichtlich Ihrer Eignung für die Bastfaserspinnerei

Heft 27:
Prof. Dr. E. Schratz, Münster,
Untersuchungen zur Rentabilität des Arzneipflanzenanbaues
Römische Kamille, Anthemis nobilis L.

Heft: 28:
Prof. Dr. E. Schratz, Münster,
Calendula officinalis L.
Studien zur Ernährung, Blütenfüllung und Rentabilität der Drogengewinnung

Heft 29:
Techn.-Wissenschaftl. Büro für die Bastfaserindustrie, Bielefeld,
Die Ausnützung der Leinengarne in Geweben

Heft 30:
Gesellschaft für Kohlentechnik mbH., Dortmund-Eving,
Kombinierte Entaschung und Verschwelung von Steinkohle; Aufarbeitung von Steinkohlenschlämmen zu verkokbarer oder verschwelbarer Kohle

Heft 31:
Dipl.-Ing. Störmann, Essen,
Messung des Leistungsbedarfs von Doppelsteg-Kettenförderern

VERÖFFENTLICHUNGEN DER ARBEITSGEMEINSCHAFT FÜR FORSCHUNG DES LANDES NORDRHEIN-WESTFALEN

Im Auftrage des Ministerpräsidenten Karl Arnold
Herausgegeben von Ministerialdirektor Prof. Leo Brandt

Heft 1:
Prof. Dr.-Ing. Friedrich Seewald, Technische Hochschule Aachen,
Neue Entwicklungen auf dem Gebiete der Antriebsmaschinen
Prof. Dr.-Ing. Friedrich A. F. Schmidt, Technische Hochschule Aachen,
Technischer Stand und Zukunftsaussichten der Verbrennungsmaschinen, insbesondere der Gasturbinen
Dr.-Ing. R. Friedrich, Siemens-Schuckert-Werke A.-G., Mülheimer Werk,
Möglichkeiten und Voraussetzungen der industriellen Verwertung der Gasturbine

Heft 2:
Prof. Dr.-Ing. Wolfgang Riezler, Universität Bonn,
Probleme der Kernphysik
Prof. Dr. phil. Fritz Micheel, Universität Münster,
Isotope als Forschungsmittel in der Chemie und Biochemie

Heft 3:
Prof. Dr. med. Emil Lehnartz, Universität Münster,
Der Chemismus der Muskelmaschine
Prof. Dr. med. Gunther Lehmann, Direktor des Max-Planck-Instituts für Arbeitsphysiologie, Dortmund,
Physiologische Forschung als Voraussetzung der Bestgestaltung der menschlichen Arbeit
Prof. Dr. Heinrich Kraut, Max-Planck-Institut für Arbeitsphysiologie, Dortmund,
Ernährung und Leistungsfähigkeit

Heft 4:
Prof. Dr. Franz Wever, Max-Planck-Institut für Eisenforschung, Düsseldorf,
Aufgaben der Eisenforschung
Prof. Dr.-Ing. Hermann Schenck, Technische Hochschule Aachen,
Entwicklungslinien des deutschen Eisenhüttenwesens
Prof. Dr.-Ing. Max Haas, Techn. Hochschule Aachen,
Wirtschaftliche und technische Bedeutung der Leichtmetalle und ihre Entwicklungsmöglichkeiten

Heft 5:
Prof. Dr. med. Walter Kikuth, Medizinische Akademie Düsseldorf,
Virusforschung
Prof. Dr. Rolf Danneel, Universität Bonn,
Fortschritte der Krebsforschung
Prof. Dr. med. Dr. phil. W. Schulemann, Univ. Bonn,
Wirtschaftliche und organisatorische Gesichtspunkte für die Verbesserung unserer Hochschulforschung

Heft 6:
Prof. Dr. Walter Weizel, Institut für theoretische Physik, Bonn,
Die gegenwärtige Situation der Grundlagenforschung in der Physik
Prof. Dr. Siegfried Strugger, Universität Münster,
Das Duplikantenproblem in der Biologie
Prof. Dr. Rolf Danneel, Universität Bonn,
Über das Verhalten der Mitochondrien bei der Mitose der Mesenchymzellen des Hühner-Embryos
Direktor Dr. Fritz Gummert, Ruhrgas A.-G., Essen,
Überlegungen zu den Faktoren Raum und Zeit im biologischen Geschehen und Möglichkeiten einer Nutzanwendung

Heft 7:
Prof. Dr.-Ing. August Götte, Technische Hochschule Aachen,
Steinkohle als Rohstoff und Energiequelle
Prof. Dr. e. h. Karl Ziegler, Max-Planck-Institut für Kohlenforschung Mülheim a. d. Ruhr,
Über Arbeiten des Max-Planck-Instituts für Kohlenforschung

Heft 8:
Prof. Dr.-Ing. Wilhelm Fucks, Technische Hochschule Aachen,
Die Naturwissenschaft, die Technik und der Mensch
Prof. Dr. sc. pol. Walther Hoffmann, Universität Münster,
Wirtschaftliche und soziologische Probleme des technischen Fortschritts

Heft 9:
Prof. Dr.-Ing. Franz Bollenrath, Technische Hochschule Aachen,
Zur Entwicklung warmfester Werkstoffe
Dr. Heinrich Kaiser, Staatl. Materialprüfungsamt Dortmund,
Stand spektralanalytischer Prüfverfahren und Folgerung für deutsche Verhältnisse

Heft 10:
Prof. Dr. Hans Braun, Universität Bonn,
Möglichkeiten und Grenzen der Resistenzzüchtung
Prof. Dr.-Ing. Carl Heinrich Dencker, Universität Bonn,
Der Weg der Landwirtschaft von der Energieautarkie zur Fremdenergie

Heft 11:
Prof. Dr.-Ing. Herwart Opitz, Technische Hochschule Aachen,
Entwicklungslinien der Fertigungstechnik in der Metallbearbeitung
Prof. Dr.-Ing. Karl Krekeler, Technische Hochschule Aachen,
Stand und Aussichten der schweißtechnischen Fertigungsverfahren

Heft: 12
Dr. Hermann Rathert, Mitglied des Vorstandes der Vereinigten Glanzstoff-Fabriken A.-G., Wuppertal-Elberfeld,
Entwicklung auf dem Gebiet der Chemiefaser-Herstellung
Prof. Dr. Wilhelm Weltzien, Direktor der Textilforschungsanstalt Krefeld,
Rohstoff und Veredlung in der Textilwirtschaft

Heft: 13
Dr.-Ing. e. h. Karl Herz, Chefingenieur im Bundesministerium für das Post- und Fernmeldewesen Frankfurt a. Main,
Die technischen Entwicklungstendenzen im elektrischen Nachrichtenwesen
Ministerialdirektor Dipl.-Ing. Leo Brandt, Düsseldorf,
Navigation und Luftsicherung

Heft 14:
Prof. Dr. Burckhardt Helferich, Universität Bonn,
Stand der Enzymchemie und ihre Bedeutung
Prof. Dr. med. Hugo W. Knipping, Direktor der Med. Universitätsklinik Köln,
Ausschnitt aus der klinischen Carcinomforschung am Beispiel des Lungenkrebses

Heft 15:
Prof. Dr. Abraham Esau, Technische Hochschule Aachen,
Die Bedeutung von Wellenimpulsverfahren in Technik und Natur
Prof. Dr.-Ing. Eugen Flegler, Technische Hochschule Aachen,
Die ferromagnetischen Werkstoffe in der Elektrotechnik und ihre neueste Entwicklung

Heft 16:
Prof. Dr. rer. pol. Rudolf Seyffert, Universität Köln,
Die Problematik der Distribution
Prof. Dr. rer. pol. Theodor Beste, Universität Köln,
Der Leistungslohn

Heft 17:
Prof. Dr.-Ing. Friedrich Seewald, Technische Hochschule Aachen,
Die Flugtechnik und ihre Bedeutung für den allgemeinen technischen Fortschritt
Prof. Dr.-Ing. Edouard Houdremont, Essen,
Art und Organisation der Forschung in einem Industriekonzern

Heft 18:
Prof. Dr. med. Dr. phil. W. Schulemann, Universität Bonn,
Theorie und Praxis pharmakologischer Forschung
Prof. Dr. Wilhelm Groth, Direktor des Physikalisch-Chemischen Instituts, Universität Bonn,
Technische Verfahren zur Isotopentrennung

Heft 19:
Dipl.-Ing. Kurt Traenckner, Stellvertr. Vorstandsmitglied der Ruhrgas-A.G., Essen,
Entwicklungstendenzen der Gaserzeugung

Heft 21:
Prof. Dr. phil. Robert Schwarz, Aachen,
Wesen und Bedeutung der Silicium-Chemie
Prof. Dr. Kurt Alder, Universität Köln,
Fortschritte in der Synthese von Kohlenstoffverbindungen

Heft 21 a
Jahresfeier der Arbeitsgemeinschaft für Forschung des Landes Nordrhein-Westfalen am 21. 5. 1952 in Düsseldorf mit Ansprachen des Herrn Bundespräsidenten Professor Dr. Theodor Heuss, des Herrn Ministerpräsidenten Arnold, Frau Kultusminister Teusch, der Herren Professor Dr. Hahn, Professor Dr. Strugger, Vizepräsident Dobbert, Professor Dr. Richter, Professor Dr. Fucks.

Heft 22:
Prof. Dr. Johannes von Allesch, Universität Göttingen,
Die Bedeutung der Psychologie im öffentlichen Leben
Prof. Dr. med. Otto Graf, Max-Planck-Institut für Arbeitsphysiologie, Dortmund,
Triebfedern menschlicher Leistung

Heft 23:
Prof. Dr. phil. Dr. jur. h. c. Bruno Kuske, Universität Köln,
Probleme der Raumforschung
Prof. Dr. Dr.-Ing. e. h. Prager,
Städtebau und Landesplanung

Heft 23 a:
M. Zvegintzov, Wissenschaftliche Forschung und die Auswertung ihrer Ergebnisse. Ziel und Tätigkeit der National Research Development Corporation
Dr. Alexander King, Department of Scientific & Industrial Research, London,
Wissenschaft und internationale Beziehungen

Heft 24:
Prof. Dr. Rolf Danneel, Universität Bonn,
Über die Wirkungsweise der Erbfaktoren
Prof. Dr. K. Herzog, Medizinische Akademie Düsseldorf,
Bewegungsbedarf der menschlichen Gliedmaßengelenke bei der Berufsarbeit

Heft 25:
Prof. Dr. O. Haxel, Heidelberg,
Energiegewinnung aus Kernprozessen
Dr. Dr. Max Wolf, Düsseldorf,
Gegenwartsprobleme der energiewirtschaftlichen Forschung

Heft 26:
Prof. Dr. Friedrich Becker, Universität Bonn,
Ultrakurzwellen aus dem Weltraum, ein neues Forschungsgebiet der Astronomie
Dozent Dr. H. Straßl, Bonn,
Bemerkenswerte Doppelsterne und das Problem der Sternentwicklung

Heft 27:
Prof. Dr. Heinrich Behnke, Universität Münster,
Der Strukturwandel der Mathematik in der ersten Hälfte des 20. Jahrhunderts
Prof. Dr. E. Sperner, Bonn,
Eine mathematische Analyse der Luftdruckverteilungen in großen Gebieten

Heft 28:
Prof. Dr. O. Niemczyk, Aachen,
Die Problematik gebirgsmechanischer Vorgänge im Steinkohlenbergbau
Prof. Dr. W. Ahrens, Krefeld,
Die Bedeutung geologischer Forschung für die Wirtschaft, besonders in Nordrhein-Westfalen

Heft 29:
Prof. Dr. B. Rensch, Münster,
Das Problem der Residuen bei Lernleistungen
Prof. Dr. H. Fink, Köln,
Über Leberschäden bei der Bestimmung des biologischen Wertes verschiedener Eiweiße von Mikroorganismen

Heft 30:
Prof. Dr.-Ing. F. Seewald, Aachen,
Forschungen auf dem Gebiete der Aerodynamik
Prof. Dr.-Ing. K. Leist, Aachen,
Forschungen in der Gasturbinentechnik

Geisteswissenschaften

Heft 1:
Prof. Dr. W. Richter, Bonn,
Die Bedeutung der Geisteswissenschaften für die Bildung unserer Zeit
Prof. Dr. J. Ritter, Münster,
Die aristotelische Lehre vom Ursprung und Sinn der Theorie

Heft 2:
Prof. Dr. J. Kroll, Köln,
Elysium
Prof. Dr. G. Jachmann, Köln,
Die vierte Ekloge Vergils

Heft 3:
Prof. Dr. H. E. Stier, Münster,
Die klassische Demokratie

Heft 4:
Prof. Dr. W. Caskel, Köln,
Lihjan und Lihjanisch. Sprache und Kultur eines früharabischen Königreiches

Heft 5:
Prof. Dr. Th. Ohm, Münster,
Stammesreligionen im südlichen Tanganyika-Territorium. — Religionswissenschaftliche Ergebnisse meiner Ostafrikareise 1951

Heft 6:
Prälat Prof. Dr. G. Schreiber, Münster,
Deutsche Wissenschaftpolitik von Bismarck bis zum Atomphysiker Otto Hahn

Heft 7:
Prof. Dr. W. Holtzmann, Bonn,
Das mittelalterliche Imperium und die werdenden Nationen

Heft 8:
Prof. Dr. W. Caskel, Köln,
Die Bedeutung der Beduinen in der Geschichte der Araber

Heft 9:
Prälat Prof. Dr. G. Schreiber, Münster,
Iroschottische und angelsächsische Kultureinflüsse im Mittelalter

Heft 10:
Prof. Dr. P. Rassow, Köln,
Forschungen zur Reichsidee im 16. und 17. Jahrhundert

Heft 11:
Prof. Dr. H. E. Stier, Münster,
Roms Aufstieg zur Weltherrschaft

Heft 12:
Prof. D. K. H. Rengstorf, Münster,
Zum Problem der Gleichberechtigung zwischen Mann und Frau auf dem Boden des Urchristentums
Prof. Dr. H. Conrad, Bonn,
Grundprobleme einer Reform des Familienrechts

Heft 13:
Professor Dr. Max Braubach, Bonn,
Der Weg zum 20. Juli 1944 — Ein Forschungsbericht

If you have any concerns about our products,
you can contact us on
ProductSafety@springernature.com

In case Publisher is established outside the EU,
the EU authorized representative is:
**Springer Nature Customer Service Center GmbH
Europaplatz 3, 69115 Heidelberg, Germany**

Printed by Libri Plureos GmbH
in Hamburg, Germany